宠物医疗技能培训教程

沈丽婵　谭婉虹◎主编

中国劳动社会保障出版社

图书在版编目（CIP）数据

宠物医疗技能培训教程 / 沈丽婵，谭婉虹主编．-- 北京：中国劳动社会保障出版社，2024

ISBN 978-7-5167-6371-1

Ⅰ．①宠… Ⅱ．①沈… ②谭… Ⅲ．①宠物 – 动物疾病 – 诊疗 – 技术培训 – 教材 Ⅳ．① S858.93

中国国家版本馆 CIP 数据核字（2024）第 077149 号

中国劳动社会保障出版社出版发行

（北京市惠新东街 1 号 邮政编码：100029）

*

北京盛通印刷股份有限公司印刷装订 新华书店经销

787 毫米 ×1092 毫米 16 开本 7.75 印张 145 千字

2024 年 7 月第 1 版 2025 年 7 月第 2 次印刷

定价：26.00 元

营销中心电话：400-606-6496

出版社网址：http://www.class.com.cn

编审人员名单

主　编　沈丽婵（广州市技师学院）

　　　　谭婉虹（广州市技师学院）

副主编　唐晓霞（广州市技师学院）

　　　　谢金富（广州市技师学院）

参　编　黄　武（广州市技师学院）

　　　　冯嘉琪（广州市技师学院）

　　　　杨华进（茂名市交通高级技工学校）

审　稿　吴玄光（华南农业大学）

　　　　张　君（广东科贸职业学院动物科技学院）

　　　　赵长荣（深圳市联合宠物医疗管理有限公司）

　　　　刘领汉（瑞派南华宠物医院管理有限公司）

　　　　戚燎健（广州职教云动物医院）

　　　　李国瑞（广州市泰洋动物医院有限公司）

　　　　余殷兴（广州泽派宠物院）

　　　　邓志伟（广州白云威达宠物诊所）

前言
Preface

随着我国社会经济的发展，饲养宠物已经成为人们新的休闲生活方式之一，宠物行业的快速发展，对宠物行业技能人才提出了巨大的需求。

本书依托广东省宠物医疗与护理职业研发应用基地，参考《广东省第一批职业研发应用基地运作实施方案》和《推进技工院校工学一体化技能人才培养模式实施方案》（人社部函〔2022〕20号）要求，组织学校、企业相关人员编写。

本书根据宠物医疗与护理的工作岗位，参照宠物健康护理员国家职业标准要求，设置了临床检查、实验室工作、治疗技能三个项目，每一个项目设置不同的任务点。通过任务中的技能点引入实际的工作情景，引入真实的工作案例，详细介绍了每个技能点的操作规范与注意事项，突出技能，重在实践。

本书不仅可以供职业院校宠物医疗与护理等相关专业使用，也可作为社会相关人员的培训课程用书，还可作为宠物医院从业者的工作指导读本。

由于编者水平有限，书中遗漏、不妥或错误之处，恳请同行和读者提出宝贵意见，编者谨此表示诚挚谢意！

目 录
Contents

项目一 临床检查 1

任务 1.1 宠物保定 2
任务 1.2 体格检查 13
任务 1.3 体温测定 18
任务 1.4 呼吸测定 23
任务 1.5 脉搏、心率测定 26
任务 1.6 血压测定 30

项目二 实验室工作 35

任务 2.1 血液采集 36
任务 2.2 血涂片制备及镜检 40
任务 2.3 血液常规项目检查 48
任务 2.4 血生化检查 52
任务 2.5 血气检查 55
任务 2.6 血型配对 58
任务 2.7 尿液采集 61
任务 2.8 尿液检查 64

任务 2.9　粪便检查 68
任务 2.10　皮肤病检查 71
任务 2.11　快速测试剂盒检测 76
任务 2.12　核酸检测 79
任务 2.13　细菌分离、培养 83
任务 2.14　细菌标本片的制备、染色与镜检 86
任务 2.15　抗菌药物敏感性试验 88

项目三 治疗技能 91

任务 3.1　口服给药 92
任务 3.2　直肠给药 95
任务 3.3　注射给药 97
任务 3.4　留置针放置 103
任务 3.5　鼻饲管放置 108
任务 3.6　导尿管放置 111

项目一 临床检查 01

▶ 知识要求

- 宠物的保定方法。
- 宠物临床基本检查的内容和方法。
- 体温测定的操作方法和注意事项。
- 呼吸测定的操作方法。
- 脉搏、心率测定的操作方法。
- 血压测定的操作方法。

▶ 技能要求

- 能使用常用器具进行宠物犬猫的保定。
- 能进行宠物的体格检查。
- 能进行宠物的体温、呼吸、脉搏、心率、血压的测定。
- 能针对临床检查的结果，分析诊断某些疾病，并能完整记录病例。

▶ 项目描述分析

本项目共有6个任务，通过学习宠物临床基本检查技能，使学生学会宠物保定、体格检查、体温测定、呼吸测定、脉搏与心率测定、血压测定。

教师通过分组教学，指导学生根据任务要求，分工协作完成任务。学生通过角色扮演、模拟宠物医院真实病例临床检查操作，熟悉宠物医院中宠物医生助理的工作环境，同时培养学生的职业素养。学生借助网络、教材、补充学材、工作页等学习材料，观察真人演示操作示范，观看教学视频，进行自主探索和团队互相协作，培养学生的自主学习能力。

任务导入

贵宾犬，24月龄，雌性，已绝育，体重4 kg。该犬精神、食欲良好，偶有拉稀情况，小便正常，按疫苗接种计划前来医院做疫苗接种。

宠物医生接诊，接种疫苗前需要对宠物进行临床基本检查。现要求宠物医生助理配合宠物医生做好临床基本检查，以确保顺利完成检查工作。

具体见任务1.1至任务1.6。

任务1.1 宠物保定

任务目标

- 能顺利接近目标宠物。
- 能针对不同的工作需求，对宠物进行不同的保定操作，确保临床诊疗过程中人宠安全，并能顺利完成相应的检查和治疗。

相关知识

宠物在进行诊疗过程中，有可能会咬伤或抓伤医护人员，进而会影响诊疗工作的进行。因此，应给予宠物适当的保定。

该任务要求宠物医生助理针对以上操作对宠物进行保定，以确保临床检查和治疗的顺利完成。

任务实施

一、操作前准备

1. 材料准备

绷带（嘴套）、伊丽莎白颈圈、毛巾、压脉带、一次性检查手套。

2. 人员准备

（1）摘除手上饰品。

（2）戴好一次性检查手套。

（3）整理着装。

3. 环境准备

（1）操作环境清洁、安静，有足够的照明。

（2）密闭性要求。操作期间应关闭门窗，限制人员流动，防止宠物逃逸。环境内不宜存在可供宠物躲藏的狭窄空间。

（3）安全性要求。环境中无尖锐物品、易碎物品，或可能导致宠物及医护人员受伤的物品。

（4）独立性要求。确保环境中无其他宠物、噪声、无关人员等易引起宠物兴奋或应激的因素。

二、操作过程

1. 宠物接近的技巧

（1）接近前。了解宠物的习性，观察宠物是否会出现惊恐和攻击人的神态，以防意外，确保人宠安全。

（2）由宠物主人在旁协助。宠物医生助理应以温和的呼声，向宠物发出要接近的信号，再从其前侧方慢慢接近，绝不可从其后方忽然接近（见图 1–1–1）。

图 1–1–1 接近宠物的方式

（3）接近后。用手轻轻抚摸宠物的颈侧和肩部，使其保持安静和温顺状态，以便进行后续检查。

（4）检查时。应将一只手置于宠物的肩部，两脚呈“稍息”姿势，一旦宠物剧烈躁动抵抗时，即可将支撑腿作为支点将其推向对侧，并迅速离开。

2. 宠物保定操作

（1）扎口保定法

1）在宠物主人的协助下，通过抚摸、轻声叫唤宠物名字等方式，从正面接近宠物。

2）剪取适当长度的绷带，在中间绕两次，打一活结圈（见图 1–1–2），套在宠物嘴后颜面部，结头在宠物嘴下方，在颈背枕后收紧打结，其两游离端向后拉至耳后枕部打一个结（见图 1–1–3）。

图 1–1–2　活结圈

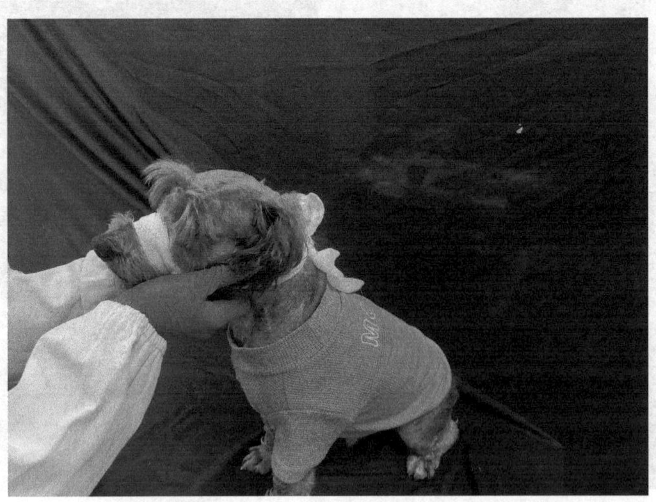

图 1–1–3　扎口保定

（2）伊丽莎白颈圈保定法

1）在宠物主人的协助下，通过抚摸、轻声叫唤宠物名字等方式，从正面接近宠物。

2）根据宠物体型大小选择合适的伊丽莎白颈圈。

3）双手将伊丽莎白颈圈从宠物头颈下方佩戴，并在头颈上方粘贴颈圈成型（见图 1-1-4、图 1-1-5）。

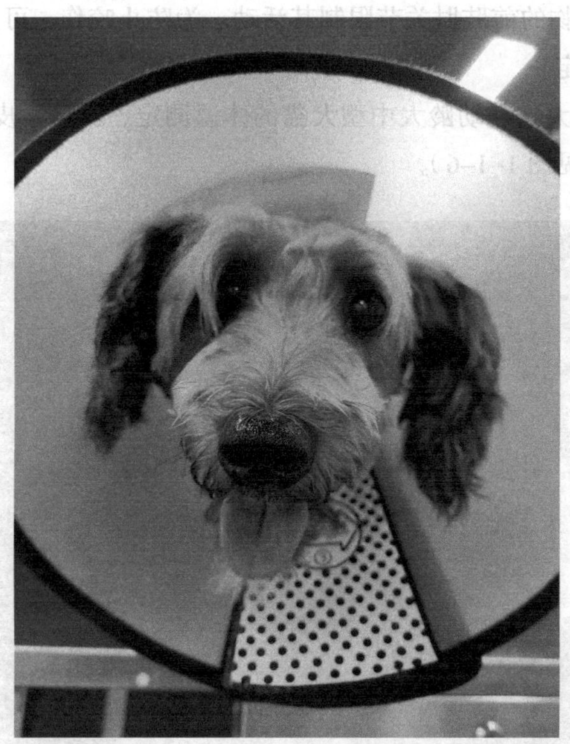

图 1-1-4　伊丽莎白颈圈保定（正面）

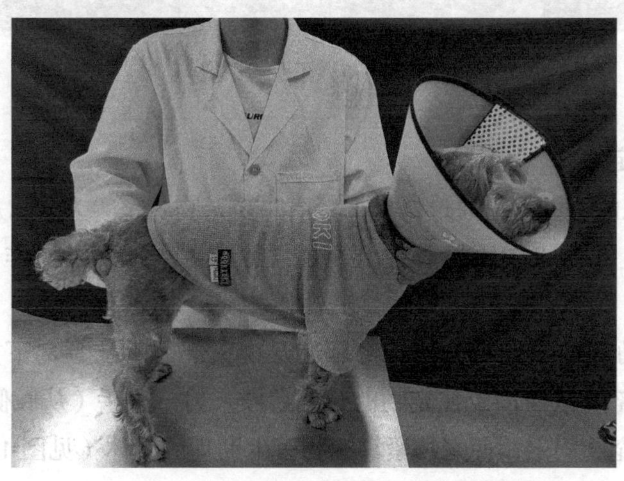

图 1-1-5　伊丽莎白颈圈保定（侧面）

4）此法可使宠物头部不能回转，舔咬躯干、四肢等受伤部位，也适用于防止术后宠物舔咬伤口导致缝线松脱，发生伤口愈合不良的情况。

（3）怀抱式保定法

1）在宠物主人的协助下，通过抚摸、轻声叫唤宠物名字等方式，从正面接近宠物。

2）宠物医生助理站立，轻轻抱起宠物，一只手将宠物颈部紧贴宠物医生助理胸部位置，另一只手抓住宠物的前肢肘关节限制其活动。为防止咬伤，可先对宠物进行扎口保定或伊丽莎白颈圈保定。

此法适用于小型犬猫和幼龄大中型犬猫的体温测定、听诊、皮下注射、肌内注射、留置针放置等操作（见图 1–1–6）。

图 1–1–6　怀抱式保定

（4）站立式保定法

1）在宠物主人的协助下，通过抚摸、轻声叫唤宠物名字等方式，从正面接近宠物。

2）通常将猫、小型犬置于检查台上，将大型犬置于地面上操作，视具体情况进行变通。

3）宠物医生助理位于宠物一侧，将靠近宠物头部的手从颈部下方绕过宠物的颈部并固定，以保定头部，或者固定住宠物的一侧后肢。另一只手（从腹侧或背侧伸入均可）环绕宠物腹部并将宠物固定，使宠物紧靠宠物医生助理的身体（见图 1–1–7、图 1–1–8）。

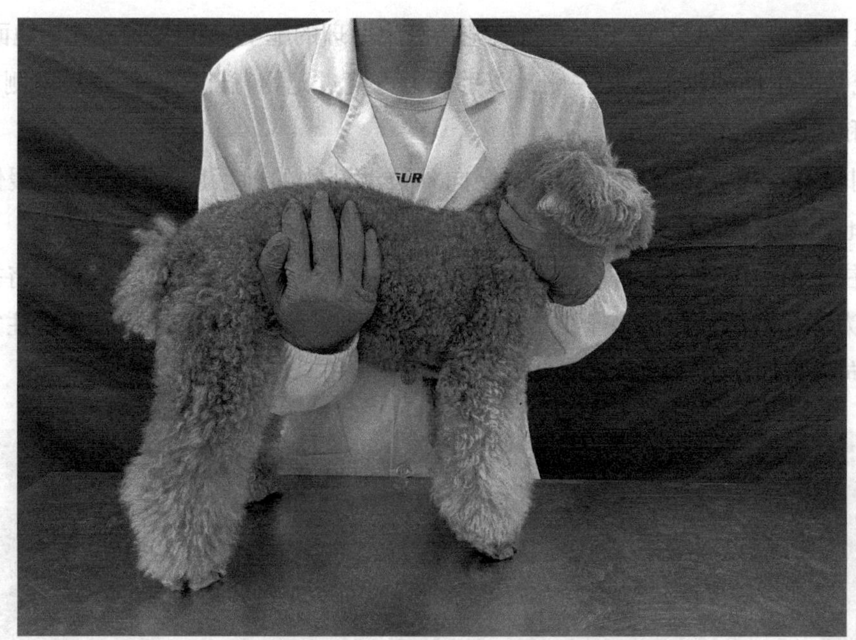

图 1–1–7　站立式保定（腹侧）

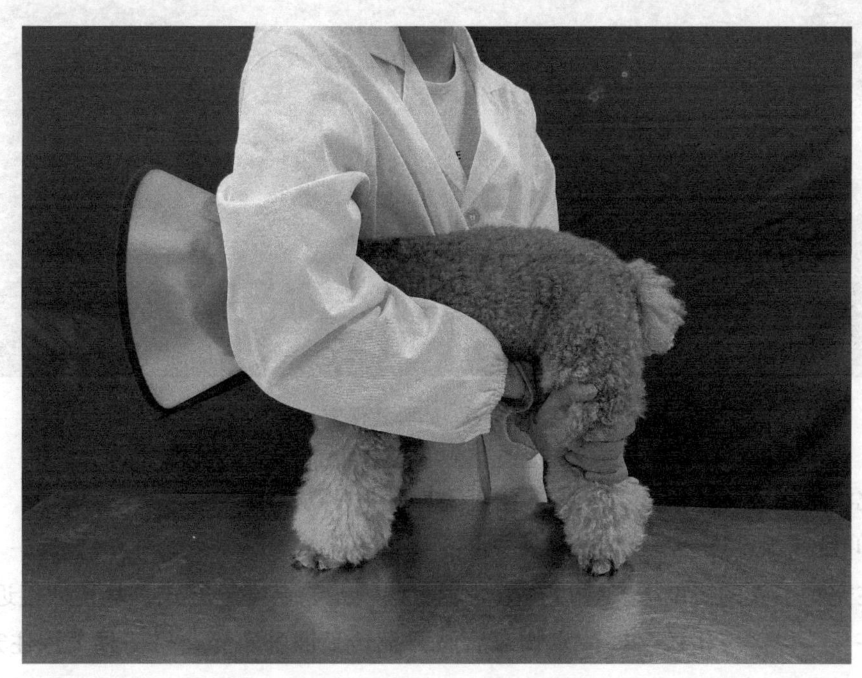

图 1–1–8　站立式保定（背侧）

4）此法适用于体格检查、肛温监测、肛门腺清理、皮下注射、肌内注射等操作。

（5）侧卧式保定法

1）在宠物主人的协助下，通过抚摸、轻声叫唤宠物名字等方式，从正面接近宠物。

2）通常将猫、小型犬置于检查台或宠物医生助理的腿上，将大型犬置于地面。

3）宠物医生助理位于宠物一侧，双手从上方绕过宠物背部，握住宠物内侧前肢的腕关节上方和内侧后肢的跗关节上方。

4）用自身身体支撑宠物躯干，慢慢向外拉动宠物的前后肢，使宠物缓缓侧卧于检查台面、地面或宠物医生助理的腿上。

将握住单前肢的手改为握住双前肢腕关节上方，食指垫于双前肢之间；将握住单后肢的手改为握住双后肢跗关节上方，食指垫于双后肢之间；用手臂及肘部压住宠物的颈部，适当向下施加压力，固定宠物身体（见图 1–1–9）。

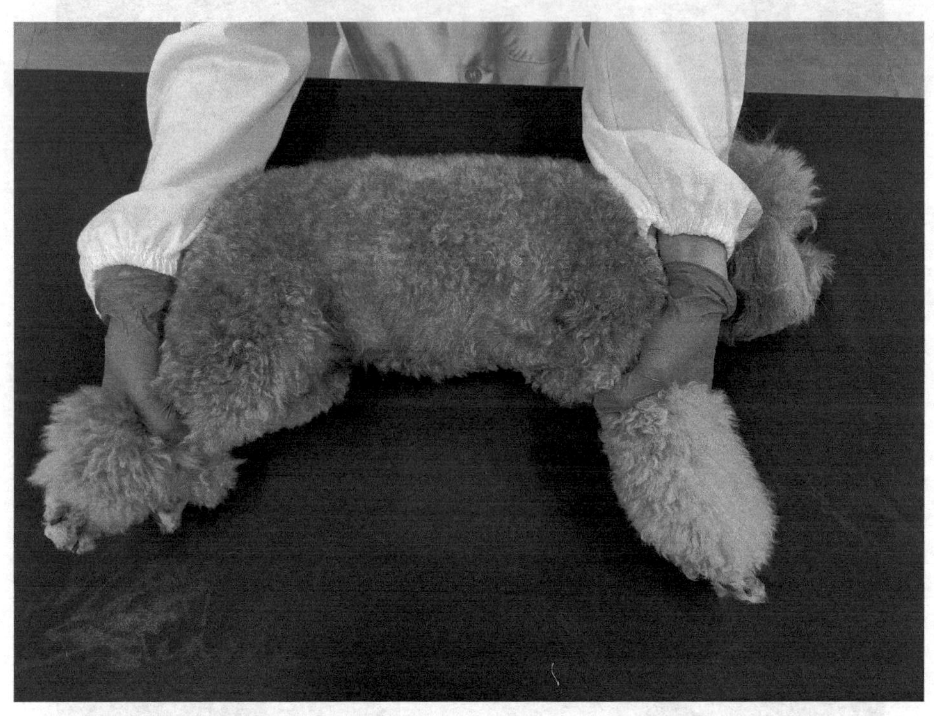

图 1–1–9　侧卧式保定

5）此法适用于影像检查、胸腹部检查、局部治疗等操作。

（6）仰卧式保定法

1）在宠物主人的协助下，通过抚摸、轻声叫唤宠物名字等方式，从正面接近宠物。

2）一只手以“三指法”握住宠物双后肢并翻转呈仰卧姿势，另一只手握住宠物前肢腕关节，并以手臂压住宠物头颈部。为防止宠物医生助理受伤，可先对宠物进行扎口保定或伊丽莎白颈圈保定。

3）此法适用于影像检查、胸腹部检查和局部治疗等操作（见图 1–1–10）。

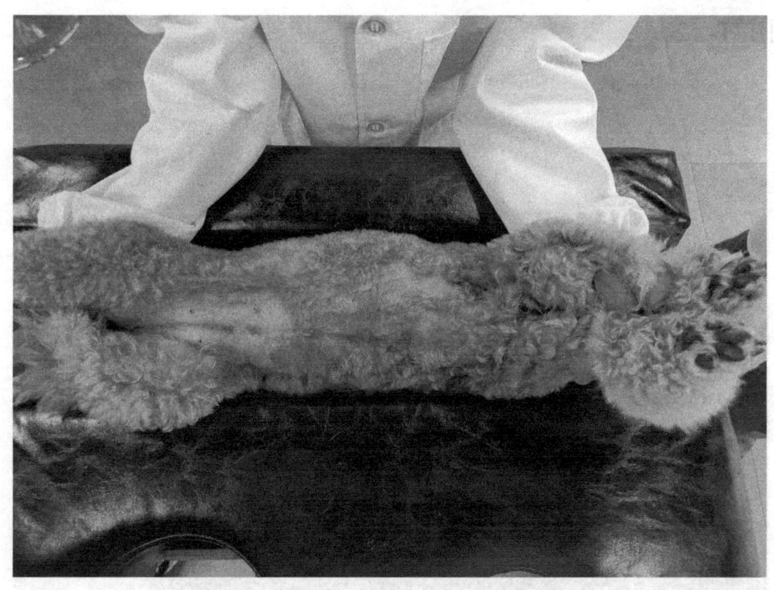

图 1-1-10　单人操作的仰卧式保定

（7）猫毛巾包裹保定法

1）选择柔软舒适的大号毛巾。

2）在宠物主人的协助下安抚宠物猫，保持宠物猫处于安静状态。

宠物医生助理把宠物猫放在毛巾中间，另一只手按住宠物猫的背部，以防逃跑（见图 1-1-11）。

图 1-1-11　宠物猫放在毛巾中间

3）用大号毛巾前 1/3 裹住宠物猫的前肢，将宠物猫右侧的毛巾向左侧裹紧，并往头侧拉紧（见图 1–1–12）。

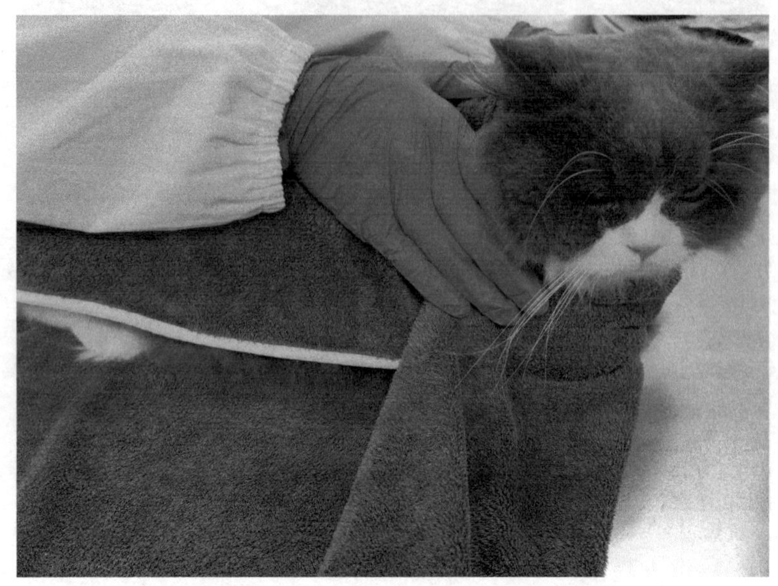

图 1–1–12　用毛巾包裹宠物猫的整个躯干部和后肢

4）用毛巾包裹紧宠物猫的躯干，只露出头部（见图 1–1–13）。

图 1–1–13　猫毛巾包裹保定

5）此法适用于宠物猫的头部检查、局部治疗等操作。

（8）臂头静脉穿刺保定法。臂头静脉位于前肢腕关节与肘关节之间的背侧面，对于所有体型的犬猫都是静脉穿刺的首选部位。

1）用手轻压宠物的后躯，使宠物保持坐姿。

2）宠物医生助理位于宠物一侧或后方，将靠近宠物头部的手从宠物颈部下方固定宠物头部；另一只手握住肘关节上方将宠物的双前肢向前推，或握住腕关节将宠物的双前肢向前拉，使宠物趴卧。

3）穿刺人员位于宠物正前方，握住宠物的一只前肢向前拉伸，并在肘关节上方放置压脉带。宠物医生助理辅助穿刺人员捆绑压脉带后，握住宠物穿刺肢的肘关节上方，向前顶住，使其无法后退。

4）压迫宠物穿刺肢的肘关节上方，使静脉扩张，并将宠物前肢略微外旋，以更好地暴露臂头静脉。

5）宠物医生助理用自己的上半身轻轻压住宠物的躯干部，防止宠物挣扎移动（见图 1–1–14）。

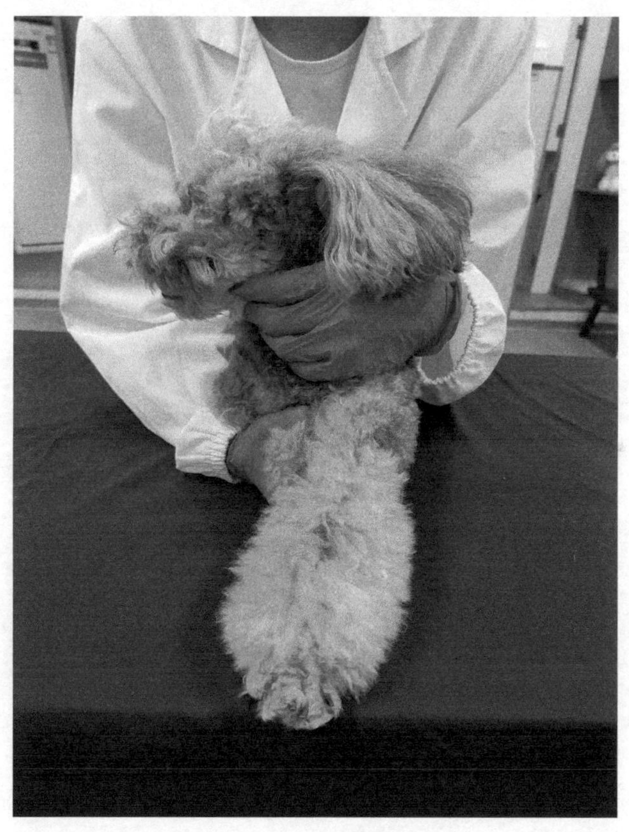

图 1–1–14 臂头静脉穿刺保定

三、注意事项

1. 需选择合适的保定工具。

2. 保定前先观察宠物状态，不建议急于与宠物接触。

3. 宠物主人对于宠物性格的描述可以作为参考，但不可轻信。

4. 根据宠物的体型、配合程度和攻击性确定保定人数，例如，大型犬通常需要两位保定人员一同保定。

5. 保定时注意力度，避免造成宠物疼痛或受伤。不建议直接压制宠物的颈部，此操作可能造成宠物呼吸困难。

任务 1.2 体格检查

任务目标

- 能用专业术语与宠物主人沟通交流，进行病史调查。
- 能对宠物进行整体外观的初步评估。
- 能对宠物的头颈部进行详细检查。
- 能对宠物的躯干部进行详细检查。

相关知识

宠物体格检查是短时间内收集宠物体况信息、发现疾病症状的常见临床检查技术，是宠物临床疾病诊治的基础。

该任务要求宠物医生助理在 30 min 内完成宠物体格检查并填写检查报告。体格检查作为疾病诊断依据，会交给宠物医生，因此要求体格检查结果准确、填写规范。在操作过程中，要时刻留意宠物的反应，注意人宠安全。

任务实施

一、操作前准备

1. 材料准备

保定工具、一次性检查手套、体格检查表。

2. 人员准备

（1）摘除手上饰品。

（2）戴好一次性检查手套。

（3）整理着装。

3. 环境准备

（1）操作环境清洁、安静，有足够的照明。

（2）密闭性要求。操作期间应关闭门窗，限制人员流动，防止宠物逃逸。环境内不宜存在可供宠物躲藏的狭窄空间。

（3）安全性要求。环境中无尖锐物品、易碎物品，或可能导致宠物及医护人员受伤的物品。

（4）独立性要求。确保环境中无其他宠物、噪声、无关人员等易引起宠物兴奋或应激的因素。

二、操作过程

1. 整体外观的评估

（1）进行体况与营养状态的评估。

（2）进行意识与精神状况的评估。

（3）进行姿势与步态的评估。

2. 头颈部的检查

（1）耳部的检查。检查外耳道颜色和分泌物是否有异常。

（2）眼部的检查。检查眼睑有无肿胀、外伤，眼分泌物的数量、性质。检查眼结膜颜色有无（苍白、潮红、发绀、出血点或出血斑等）病理变化。

（3）鼻腔的检查。检查鼻腔颜色和分泌物是否有异常。

（4）口腔的检查。检查口腔是否有异味和其他异常，口腔黏膜颜色和健康状态。

（5）呼吸音的检查。检查是否存在呼吸音异常状态。

（6）甲状腺和淋巴结检查。检查甲状腺和淋巴结是否存在异常。

3. 躯干部的检查

（1）被毛的检查。检查被毛的清洁、光泽、脱落情况。

（2）皮肤的检查。检查有无皮肤颜色、温度、湿度、弹性异常，有无外伤、肿胀、疱疹等病变。

（3）肛门的检查。检查肛门周围有无红肿、脱毛、粪便附着等情况。

（4）生殖器的检查。检查生殖器有无红肿、溃疡、异物、异常分泌物等情况。

（5）乳腺和淋巴检查。检查乳腺、淋巴结是否存在异常。

（6）腹腔的检查。检查腹腔是否存在按压触诊敏感，以及腹腔内容物性状等情况。

（7）按检查结果填写宠物体格检查表（见表 1–2–1）。

表 1-2-1　宠物体格检查表（参考联合动物医院体格检查表格）

<table>
<tr><td colspan="2">体检来源</td><td colspan="6">□健康体检　□寄养前体检　□免疫前体检　□驱虫前体检　□流浪动物公益体检　□其他</td></tr>
<tr><td rowspan="4">基础信息</td><td>主人姓名</td><td>先生 / 女士</td><td>联系电话</td><td></td><td rowspan="3">最近</td><td>免疫时间</td><td>□＜ 1y　□ 1～3y　□无</td></tr>
<tr><td>宠物种类</td><td>□犬　□猫　□______</td><td>宠物昵称</td><td></td><td>外驱时间</td><td>□＜ 1m　□ 1～3m　□无</td></tr>
<tr><td>宠物性别</td><td>♂　♀　N/S</td><td>宠物年龄</td><td></td><td>内驱时间</td><td>□＜ 1m　□ 1～3m　□无</td></tr>
<tr><td>宠物品种</td><td></td><td>病史 / 过敏史</td><td colspan="4"></td></tr>
<tr><td rowspan="6">检查项目</td><td>整体外观</td><td>□正常　□异常</td><td>姿势与步态</td><td>□正常　□异常</td><td colspan="2">心理与意识</td><td>□正常　□警惕　□沉郁</td></tr>
<tr><td>瘙痒评价</td><td colspan="2">正常 0-1-2-3-4-5-6-7-8-9-10 痒</td><td>水合状态</td><td colspan="3">□正常　□脱水　□水合过度</td></tr>
<tr><td>营养状况</td><td colspan="3">□ 1 过瘦　□ 2 瘦　□ 3 标准　□ 4 胖　□ 5 过胖　　体重______kg</td><td colspan="2">评估黏膜颜色和毛细血管再充盈时间（MM & CRT）</td><td>□粉红　□______&　□ <2s　□______</td></tr>
<tr><td colspan="2">T 体温（38.0～39.5 ℃）</td><td colspan="2">P 心率（60～180 次 /min）</td><td colspan="3">R 呼吸（10～30 次 /min）</td></tr>
<tr><td colspan="2"></td><td colspan="2"></td><td colspan="3"></td></tr>
<tr><td colspan="2">部位</td><td>未见异常</td><td colspan="4">异常及具体问题</td></tr>
<tr><td rowspan="9">必选</td><td rowspan="6">头颈部</td><td>耳朵</td><td>□</td><td colspan="4">□秃毛　□瘙痒　□红肿　□异味　□分泌物过多　□增生　□堵塞　□耳血肿</td></tr>
<tr><td>眼睛</td><td>□</td><td colspan="4">□泪痕　□分泌物　□眼睑异常　□结膜炎 / 角膜炎　□白内障　□其他</td></tr>
<tr><td>鼻子</td><td>□</td><td colspan="4">□喷嚏　□清鼻液　□脓鼻液　□其他</td></tr>
<tr><td>口腔</td><td>□</td><td colspan="4">□异味　□双排牙　□牙龈炎　□溃疡　□牙结石（少 / 中 / 多）　□其他</td></tr>
<tr><td>腺体 / 淋巴</td><td>□</td><td colspan="4">□淋巴肿大　□甲状腺肿大</td></tr>
<tr><td>气管</td><td>□</td><td colspan="4">□诱咳（+）□呼吸声音异常　□其他</td></tr>
<tr><td rowspan="3">躯干 / 肢体</td><td>皮肤 / 被毛</td><td>□</td><td colspan="4">□寄生虫　□瘙痒　□秃毛　□红疹　□破溃　□异味　□干燥 / 皮脂溢</td></tr>
<tr><td>肌肉</td><td>□</td><td colspan="4">□ MCS 2（轻度萎缩）　□ MCS 1（严重萎缩）　□ MCS 0（肌肉萎缩脂肪过多）</td></tr>
<tr><td>骨骼</td><td>□</td><td colspan="4">□髌骨脱位（Ⅰ / Ⅱ / Ⅲ / Ⅳ）　□髋关节异常　□跛行　□其他</td></tr>
</table>

续表

	部位		未见异常	异常及具体问题
必选	躯干 / 肢体	趾甲与趾间	□	□趾甲过长 □异味 □毛发着色 □红肿 □其他
		腺体 / 淋巴	□	□假孕 □乳腺增生 □乳腺肿块 □淋巴肿大 □其他
		腹腔触诊	□	□敏感 □肿块
		心肺听诊	□	□肺音异常 □心音异常 □肠音异常
		肛门	□	□粪便附着 □秃毛 □红肿 □肛门腺红肿 / 破溃 □肿块
		泌尿 / 生殖器	□	□肿大 □异味 □分泌物 □肿物 □其他
选二		显微镜检查	□	□粪便 □皮肤 □耳分泌物
		耳镜 /Wood（伍德）灯	□	□耳镜 □ Wood（伍德）灯 □其他
检查建议	不宜进行	□洗浴 □寄养 □免疫 □驱虫 □洗牙 □其他		
饲养及营养意见				

体检员签字：

分院：

体检日期：

三、注意事项

1. 检查可视黏膜时动作要迅速，且不宜反复检查，以免引起可视黏膜充血而误判。
2. 检查腺体和淋巴结时应注意其位置、大小、硬度、敏感度及可移动性等检查内容。

任务1.3 体温测定

任务目标

能使用水银体温计、电子体温计、宠物耳温枪完成宠物体温的测量并准确记录读数。

相关知识

经体格检查后，要求宠物医生助理在10 min内完成体温测定并将测定结果交给宠物医生作为疾病诊断依据。要求体温测定结果准确。在操作过程中，要时刻留意宠物的反应，注意人宠安全。

宠物的核心体温要通过测定直肠温度才能确定，常用的有电子体温计、水银体温计和宠物耳温枪。记录体温计量单位分别为华氏度（℉）和摄氏度（℃）。华氏度（℉）= 32+摄氏度（℃）×1.8；摄氏度（℃）=［华氏度（℉）−32］÷1.8。

任务实施

一、操作前准备

1. 材料准备

一次性检查手套、电子体温计、水银体温计、宠物耳温枪、75%酒精棉球、肛温套、耳套、润滑剂、体格检查表、一次性耳套。

2. 人员准备

（1）向宠物主人了解宠物的性情、身体情况、病史、用药史等。

（2）检查体温计是否有质量问题。

3. 宠物准备

保定准备。

4. 环境准备

操作要求环境清洁、安静、安全，有足够的照明，密闭性好。

二、操作过程

1. 宠物肛温的测定

（1）操作者戴好一次性检查手套，使用 75% 酒精棉球清洁体温计，充分风干使酒精完全挥发，避免酒精对测量点产生刺激。

（2）如使用电子体温计，需打开电子体温计开关；如使用水银体温计，需将水银柱甩至 35 ℃刻度线以下。

（3）体温计用肛温套套上并涂抹适当润滑剂。

（4）轻柔握住宠物尾根并抬起，暴露肛门。

（5）将体温计探头缓慢、轻柔地插入直肠，插入时体温计宜与直肠平行，并与宠物身体呈一定角度，徐徐捻转，插入直肠，同时握住体温计与尾根，将体温计以插入角度进行固定（见图 1-3-1）。

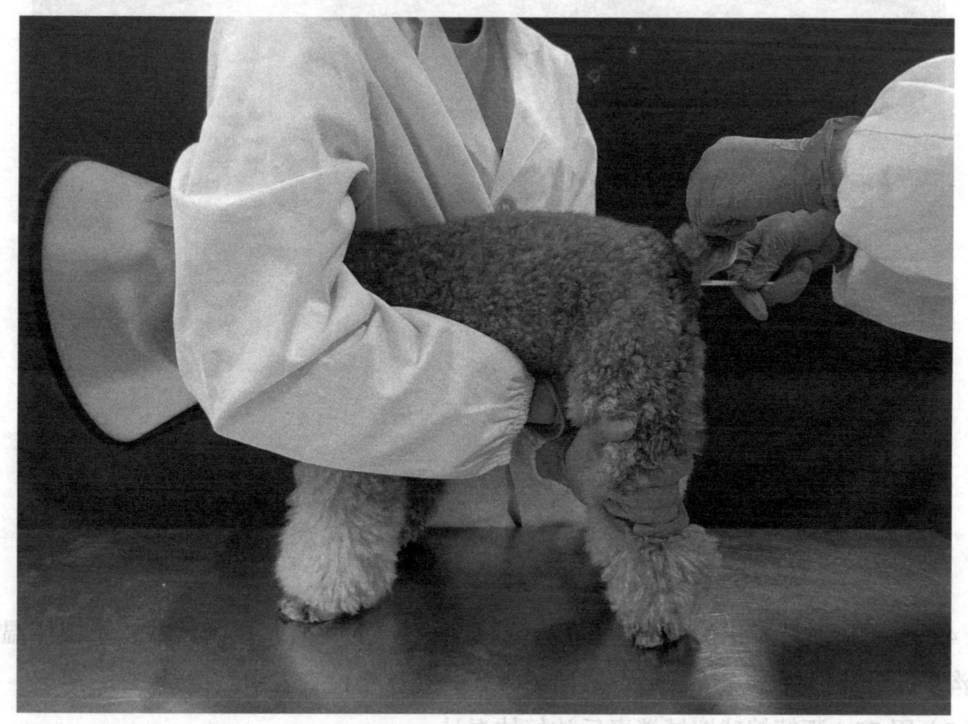

图 1-3-1　肛温测定

（6）电子体温计在直肠内发出测量结束提示音或数值不再变化时，拔出读数，并记录；水银体温计应在直肠内应保持 3～5 min 后拔出。

（7）观察粘在肛温套上的粪便性状并记录。

（8）将水银体温计肛温套摘除，读数并在体格检查表中做记录。

（9）用 75% 酒精棉球擦拭消毒后放好体温计。

2. 宠物皮温的测定

（1）使用 75% 酒精棉球清洁体温计，充分风干使酒精完全挥发，避免酒精对测量点产生刺激。

（2）若使用电子体温计或宠物耳温枪，需打开开关；若使用水银体温计，应将水银柱甩至 35 ℃刻度线以下。

（3）若使用电子体温计或水银体温计，应将探头贴紧宠物腋下或腹股沟处皮肤，并夹紧该处关节以固定体温计（见图 1–3–2）。

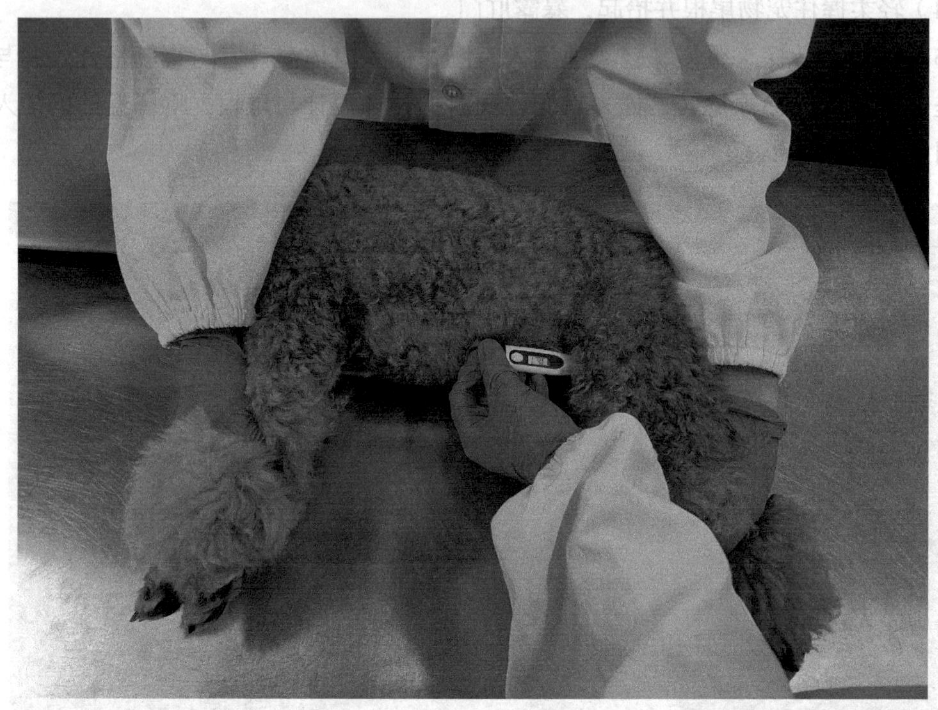

图 1–3–2 皮温测定

（4）电子体温计发出测量结束提示音或数值不再变化时，拔出读数；水银体温计在腹股沟皮肤处应保持 3～5 min 后，取出读数，并在体格检查表中做记录。

（5）用 75% 酒精棉球擦拭消毒后放好体温计。

3. 宠物耳温枪测温

打开开关按钮，开启宠物耳温枪。在宠物耳温枪头部位置安装一次性耳套，将宠物耳温枪感测头放入宠物耳道内，让宠物保持静止，将探头伸入耳道，确保探头与耳道形成密闭空间。按测量键，听到“嘀”声，显示测量温度，测量完成后，拔出读数（见图 1–3–3）。

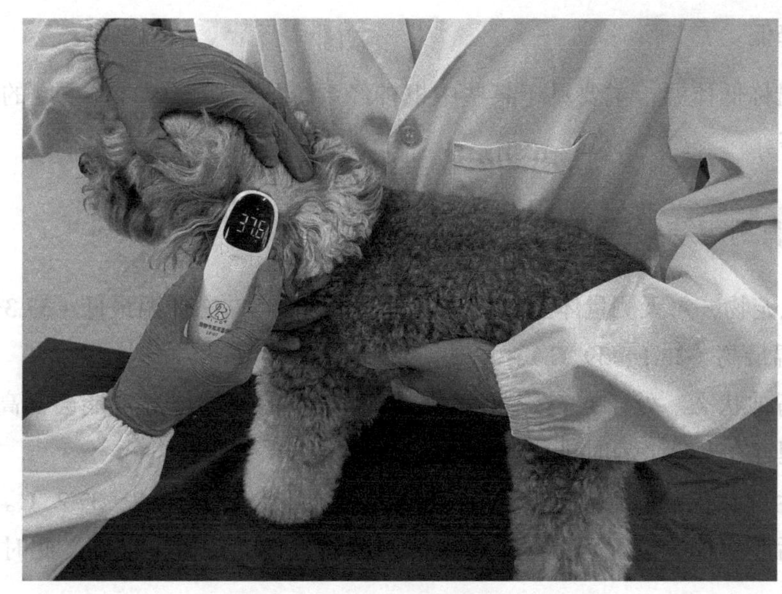

图 1-3-3　耳温测定

4. 数据记录

（1）于体格检查表上记录测得体温数值，标明测量方式。例如，*T*=38.1 ℃（肛温）或 *T*=37.5 ℃（皮温）。

（2）粪便情况异常记录。

（3）尾部肌紧张度、肛门开闭情况、肛周清洁程度、肛周反射、直肠紧张度等有无异常。

（4）健康宠物正常体温范围见表 1-3-1。

表 1-3-1　健康宠物正常体温范围参考

宠物	体温 *T*（℃）
犬	37.5～39.0
猫	38.0～39.0
兔	38.5～39.5

三、临床意义

在排除生理因素影响之后，体温的升高、下降变化多为病理现象。

1. 体温升高

体温超出正常标准，一般称为发热，可见于多数传染病，呼吸道、消化道及其他组织器官的炎症与感染性疾病，日射病与热射病等。

2. 体温降低

低于常温称低体温，主要见于某些中枢神经系统的疾病与中毒、重度的衰竭、营养不良及贫血等。

四、影响测定结果的因素

1. 同一只宠物，每天测量体温的时间应固定，如 6 点左右体温最低（37.3～38.3 ℃），15 点左右体温最高（38.1～39 ℃）。

2. 宠物精神状态。处于兴奋、紧张、应激状态下的宠物体温可能会升高 0.5～1 ℃。宠物医生助理宜在犬猫平静时进行体温测定。

3. 特殊生理及疾病状态。母犬妊娠期体温可能下降，为 36.7～37.2 ℃。肛周手术、后躯敏感、后肢血栓等情况可能导致肛温或腹股沟处体温测量不准确，此时可考虑测量前肢腋下皮温。

任务 1.4 呼吸测定

任务目标

能完成就诊宠物的呼吸测定。

相关知识

宠物的呼吸数是临床上最常监测的指标，被检宠物兴奋、紧张、运动、环境过热、妊娠等状态都可使呼吸数暂时升高。测呼吸数时，多观察宠物胸、腹壁的起伏动作或鼻翼的开张动作，也可用听诊器在宠物的喉部进行听诊，冬季可观察宠物鼻部呼出的气雾。

完成体格检查、体温测定后，要求宠物医生助理在 10 min 内完成呼吸测定，将呼吸测定结果交给宠物主诊医生。呼吸测定作为疾病诊断依据，要求结果准确，在操作过程中，要时刻留意宠物的反应，注意人宠安全。

任务实施

一、操作前准备

1. 材料准备

听诊器、表、体格检查表。

2. 人员准备

（1）向宠物主人了解宠物的性情、身体情况、病史、用药史。

（2）检查听诊器是否有质量问题。

3. 宠物准备

保定准备。

4. 环境准备

操作环境要求清洁、安静、安全，有足够的照明，密闭性好。

二、操作过程

1. 将就诊宠物保定于干净的检查台上。

2. 等待几分钟让就诊宠物平静下来。

3. 观察几次宠物完整的呼吸，确定是完整的“吸气—呼气”过程。

4. 看表计时，计数 30 s 的呼吸次数。

5. 将计数乘以 2，得出每分钟的呼吸次数。

6. 在体格检查表上填写宠物 1 min 的呼吸次数。

三、临床意义

1. 呼吸次数增多，可见于呼吸器官特别是支气管、肺、胸膜的疾病，多数的热性病，心脏衰弱及贫血、失血性疾病，脑及脑膜充血、炎症的初期等。

2. 呼吸次数减少，主要见于颅内压的显著升高，某些中毒与代谢扰乱，当上呼吸道高度狭窄时也可引起呼吸次数的减少。

3. 健康宠物呼吸次数值参考值见表 1–4–1。

表 1–4–1　健康宠物呼吸次数值参考值

宠物类型	呼吸次数（次 / min）
犬	10～30
猫	20～40
兔	40～60

四、注意事项

1. 如果对呼吸次数测定结果有疑问，可重新进行 1 min 的呼吸次数测定。

2. 如果宠物表现喘息，则此时不适用呼吸次数计数的方式。

3. 应注意在测呼吸次数时要待宠物安静后再测定。

五、知识补充（呼吸音听诊）

1. 听诊位点

（1）听诊气管呼吸音时，选取胸腔入口处的位置进行评估。

（2）听诊每侧胸壁时至少选取 5 个听诊位点，分别是胸壁高度的 2/3 处的第 4、6、8 肋间，以及胸壁高度的 1/3 处的第 4、6 肋间。

2. 听诊方法

（1）将听诊头轻压于胸腔入口处评估气管呼吸音，力度以能避免毛发摩擦干扰和能避免刺激气管引发咳嗽为宜（见图 1–4–1）。

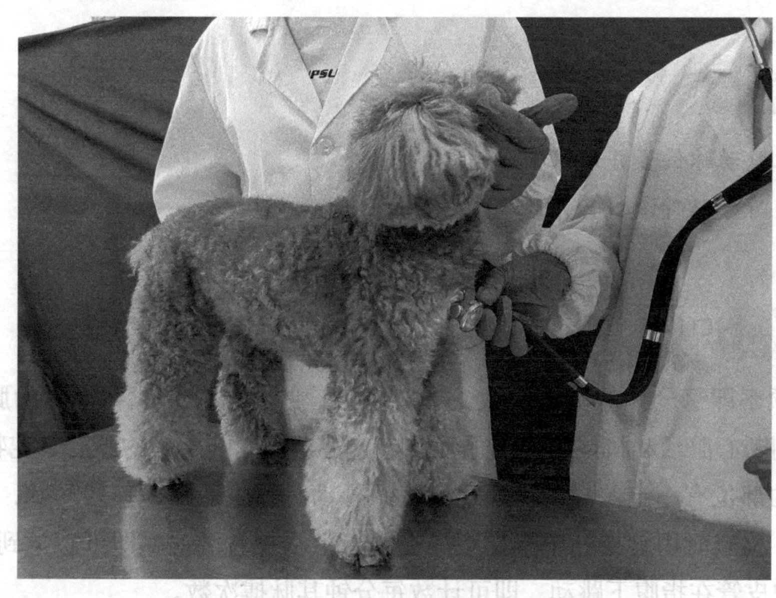

图 1–4–1　呼吸音听诊

（2）将听诊头按压于各听诊点上，力度以能避免毛发摩擦干扰为宜。听诊左侧胸壁时，检查人员宜以一定角度站在宠物左侧，左手持听诊头评估左侧听诊点，右手适当保定宠物；听诊右侧胸壁时，检查人员宜以一定角度站在宠物右侧，右手持听诊头评估右侧听诊点，左手适当保定宠物。

3. 注意事项

在评估呼吸音时，每个听诊点需听诊至少 2 个完整的呼吸周期，注意宠物的呼吸音是否增强、减弱，是否出现异常的呼吸音等。呼吸音听诊需在安静的室内进行。

任务1.5 脉搏、心率测定

任务目标

- 能定位股动脉位置并读取 1 min 脉搏数值。
- 能使用听诊器听诊心音并读取 1 min 心率数值。

相关知识

脉搏的频率即每分钟的脉搏次数，一般以触诊的方法感知浅在动脉的脉搏来测定。检查脉搏可判断心脏活动机能与血液循环状态，甚至可判断疾病的预后。宠物种类不同，其脉搏检查的部位有一定差异。马通常检查颌外动脉，牛通常检查尾动脉，小动物通常检查股动脉。检查时用食指和中指指腹压在血管上，左右滑动，即可感觉到血管似一根富有弹性的橡皮管在指腹下跳动，即可计数每分钟其脉搏次数。

在健康宠物的每个心动周期中，可以听到“嗵—嗒”这两个有节奏地交替出现的声音，称为心音，前一个称为第一心音，后一个称为第二心音。心音是由心室的收缩与舒张产生的。心音频率简称心率，是按每分钟的心动周期数进行计算的。

完成体格检查、体温测定、呼吸测定后，要求宠物医生助理在 15 min 内完成脉搏、心率测定，测定结果交给主诊医生作为疾病诊断依据。本次任务要求脉搏、心率测定结果准确。在操作过程中，要时刻留意宠物的反应，注意人宠安全。

任务实施

一、操作前准备

1. 材料准备

听诊器、酒精棉球、计时器、体格检查表。

2. 人员准备

（1）向宠物主人了解宠物的性情、身体情况、病史、用药史。

（2）检查听诊器是否有质量问题。

3. 宠物准备

保定准备。

4. 环境准备

操作要求环境清洁、安静、安全，有足够的照明，密闭性好。

二、操作过程

1. 脉搏测定

（1）宠物医生助理采用站立保定法保定宠物，安抚宠物，使其精神放松。

（2）宠物医生助理站在宠物的右后方，一只手拿着计时器，另一只手伸出食指和中指找到宠物后肢内侧股动脉（见图 1–5–1、图 1–5–2）。

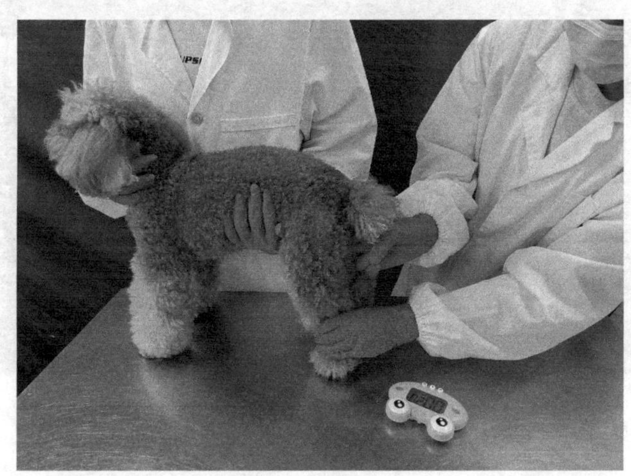

图 1–5–1 脉搏测定

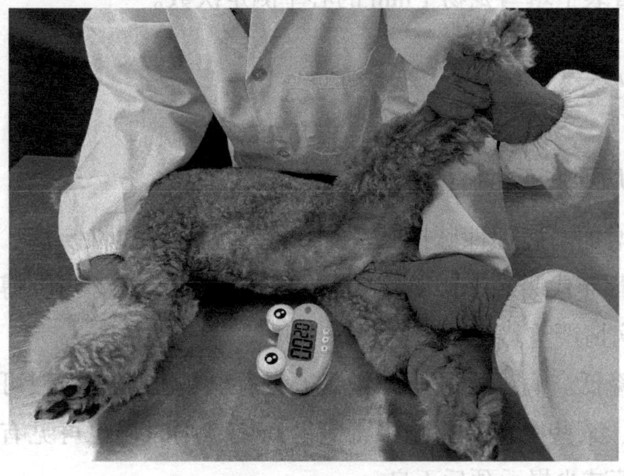

图 1–5–2 后肢内侧股动脉位置示意图

（3）计数 30 s 的脉搏次数。

（4）将结果乘以 2，得出每分钟的脉搏次数。

（5）在体格检查表上填写宠物 1 min 的脉搏次数。

2. 心率测定

（1）宠物医生助理采用站立保定法保定宠物，安抚宠物，使其精神放松。

（2）用酒精棉球对听诊器消毒，并正确佩戴于耳内。

（3）将听诊器放于心搏最强点，犬在第 4～6 肋间的胸廓下 1/3 处，第 5 肋骨间最明显，计数 30 s 内心搏动的次数，乘以 2 得到每分钟的心率（见图 1–5–3）。

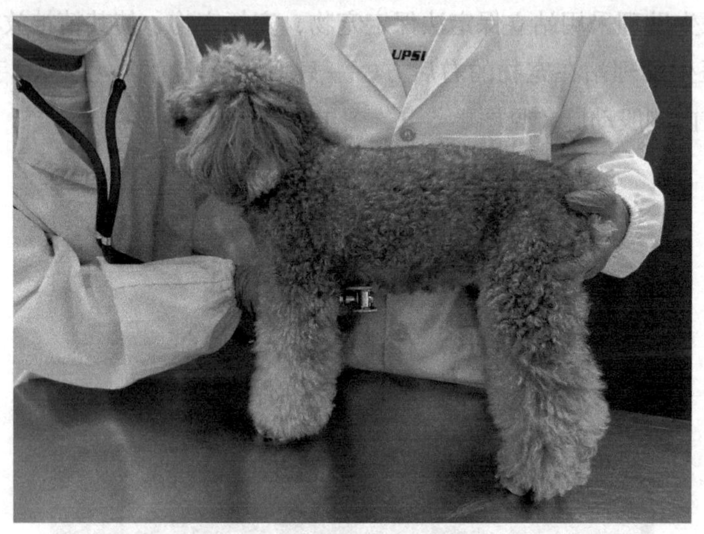

图 1–5–3　心率测定

（4）评估心率节律是否整齐。

（5）在体格检查表上填写宠物 1 min 的心率测定次数。

三、临床意义

1. 脉搏频率的病理性变化

（1）脉搏频率增加。病理性脉搏频率加快主要见于发热性疾病、传染病、疼痛性疾病、中毒性疾病、营养代谢病、心脏疾病和严重贫血性疾病。当脉搏频率比正常增加一倍以上时，均提示病情严重。

（2）脉搏频率降低。病理性脉搏减慢是心动徐缓的指征。一般可见于引起颅内压增高的脑病、胆血症、某些中毒及药物中毒等。高度衰竭时，也可见有心动徐缓与脉搏稀少。脉搏次数的显著减少提示预后不良。

2. 心音的病理改变

心音的病理改变包括心音的频率、强度、性质和节律的变化等。

（1）心音频率的改变。心音频率的改变包括窦性心动过速和窦性心动过缓。

（2）心音强度的改变。心音的强度是由心音本身的强度和向外传导心音的介质状态等因素决定的。

（3）心音性质的改变。心音性质的改变包括心音混浊和金属样心音。

（4）心音节律的改变。由于某些疾病因素的影响，心音常呈现快慢不定、强弱不一、间隔不等，称为心律失常。临床上常见的心律失常有期前收缩、阵发性心动过速、心动间歇等。

3. 附表

（1）犬猫的心音听取点见表 1–5–1。

表 1–5–1　犬猫的心音听取点

犬心音听诊点	左侧第 5 肋间，肋软骨交界水平为二尖瓣区域； 左侧第 4 肋间，肋软骨交界上方为主动脉区域； 左侧第 2～4 肋间，胸骨边缘区域为肺动脉瓣区域； 右侧第 3～5 肋间，接近肋软骨交界水平为三尖瓣区域
猫心音听诊点	左侧第 5～6 肋间，胸腔下 1/4 与下 1/2 交接处水平为二尖瓣区域； 左侧第 2～3 肋间，胸腔下 1/3 至下 1/2 处水平为肺动脉区域； 左侧第 2～3 肋间，肺动脉稍背侧为主动脉区域； 右侧第 4～5 肋间，胸腔下 1/4 与下 1/2 交界处水平为三尖瓣区域

（2）健康宠物脉搏次数值参考值见表 1–5–2。

表 1–5–2　健康宠物脉搏次数值参考值

宠物类型	脉搏次数（次 / min）
犬	70～120
猫	110～130
兔	140～160

四、注意事项

1. 第一次触摸股动脉脉搏时，可请有经验的同事检查是否找得准确。

2. 如果找不到脉搏的位置，可使用听诊器听诊测心率，但在体格检查表上要说明是心率而不是脉搏次数。

任务1.6 血压测定

任务目标

能使用电子血压计进行宠物的血压测定。

相关知识

血压（blood pressure，BP）是血液流动时对血管壁所引起的压力，临床上以毫米汞柱（mmHg）为单位。血压高低取决于心脏收缩的能力（每搏输出量和心率）及速度、血液的容积、血管壁的弹性以及外周血管的阻力。血压分为收缩压、舒张压及平均压。血压是宠物重要的生命体征，在急救及手术过程中，宠物医生助理应随时监测血压变化，维持血压平稳。在日常疾病诊断中，血压增高是最常见的心血管系统疾病。

在完成宠物体格检查、体温测定、呼吸测定、脉搏和心率测定后，要求宠物医生助理在 20 min 内完成血压测定，将测量结果交给主诊医生作为疾病诊断依据。本次任务要求血压测定结果准确，在操作过程中，要时刻留意宠物的反应，注意人宠安全。

任务实施

一、操作前准备

1. 材料准备

兽用电子血压检测仪（见图 1-6-1）、体格检查表。

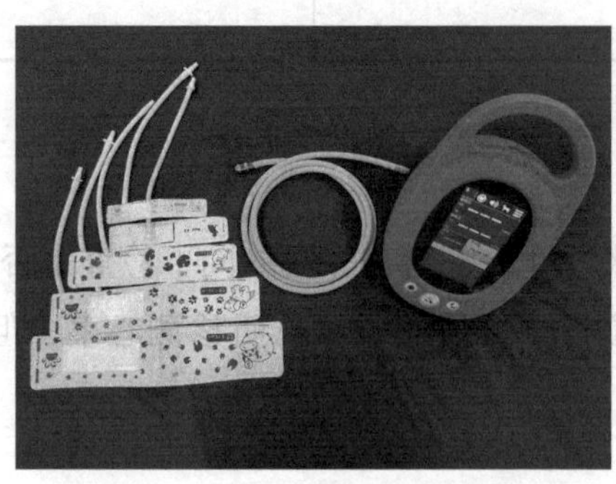

图 1-6-1 兽用电子血压检测仪

2. 人员准备

（1）向宠物主人了解宠物的性情、身体情况、病史、用药史等。

（2）检查兽用电子血压检测仪是否能正常工作。

（3）做好宠物保定等相关防护准备。

3. 动物准备

（1）宠物主人陪伴宠物在安静的房间内适应 5～10 min。

（2）血压测定应先于其他有创性诊疗进行。

（3）测定过程中尽量减少保定措施，让宠物在放松的状态下保持俯卧或侧卧的姿势，直至测定完毕。

4. 环境准备

操作要求环境清洁、安静、安全，有足够的照明，密闭性好。

二、操作过程

1. 将宠物放置在合适的位置，以便让其躺下。

2. 选择合适宠物体型的袖带放置在宠物前肢上，把袖带软管连接到检测仪接口中。袖带放置位置可选择：腕动脉中段位置、跗动脉中段位置、尾动脉中段位置。

3. 接通装置电源，并选择宠物模式。

4. 按启动 / 终止按钮，开始测量血压。在测量血压过程中，启动 / 终止按钮会变成蓝色。当启动 / 终止按钮变成红色时，血压读数完成。主屏幕将显示收缩压、舒张压、平均动脉压和心率（见图 1–6–2）。

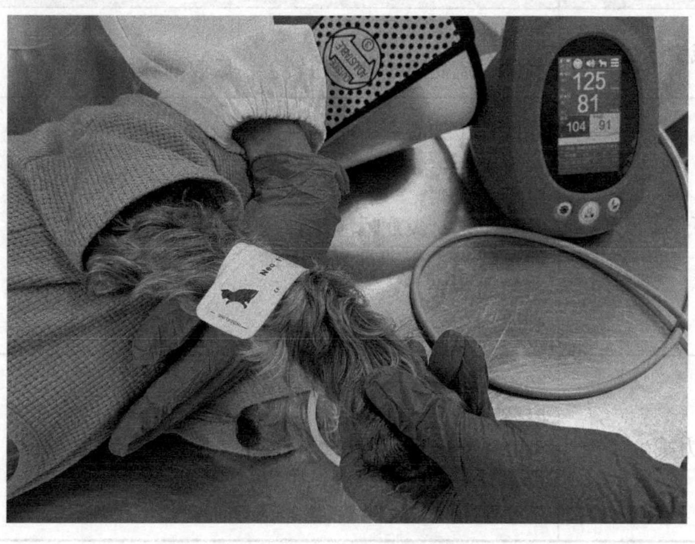

图 1–6–2　血压测定

5. 在体格检查表中记录测量数值。

三、临床意义

1. 收缩压的高低主要取决于心肌收缩力的大小和心脏搏出量的多少，舒张压主要取决于外周血管阻力及动脉壁的弹性。血压下降常见于心功能不全、心搏出量减少、外周血管扩张（如休克）、外周血管阻力降低（如热性病）等情况；反之，在动物兴奋、紧张或使役之后，由于心搏出量增多，肾素释放增多，血液中血管紧张素浓度升高时，可致血压升高。脉压加大，常见于主动脉瓣闭锁不全；脉压变小，常见于二尖瓣口狭窄。

2. 犬猫的正常血压数值见表 1–6–1。

表 1–6–1　犬猫的正常血压数值

血压类型	宠物类型	
	犬	猫
动脉收缩压	90～140 mmHg	80～140 mmHg
动脉舒张压	50～80 mmHg	50～75 mmHg
平均动脉压	60～100 mmHg	60～100 mmHg

3. 犬猫低血压常见原因见表 1–6–2。

表 1–6–2　犬猫低血压常见原因

现象	常见原因
前负荷减少	低血容量； 静脉回流受阻（如胃扭转），后腔静脉栓塞
心功能下降	原发性（如心衰、心脏疾病等）； 心律不齐； 电解质失衡； SIRS（全身炎症反应综合征）、败血症； 严重缺氧、酸中毒或碱中毒； 瓣膜功能异常； 心肌病
全身血管阻力减少	药物或毒素； 麻醉药物； SIRS（全身炎症反应综合征）、败血症； 严重缺氧、酸中毒或碱中毒； 严重缺氧

4. 导致犬猫继发高血压的疾病见表 1-6-3。

表 1-6-3　导致犬猫继发高血压的疾病

犬	猫
急性肾脏疾病 慢性肾脏疾病 糖尿病 肾上腺皮质机能亢进 甲状腺功能减退 肥胖 嗜铬细胞瘤 原发性醛固酮增多症	慢性肾脏疾病 糖尿病 甲状腺功能减退 肥胖 嗜铬细胞瘤 原发性醛固酮增多症

四、注意事项

1. 请在宠物安静、身体放松的状态下测定血压。若宠物过度紧张，需要让宠物休息 10～20 min，最好有宠物主人在旁安抚宠物。

2. 左肢、右肢血压均可以进行测量。

3. 给宠物使用尺寸适当的袖带，保证袖带的指示线正好位于动脉之上。袖带应与宠物心脏处于同一水平位置。

项目二 实验室工作 02

知识要求

- 血液诊断的方法。
- 尿液检查的操作方法。
- 粪便检查的操作方法。
- 微生物实验室检查的操作方法。

技能要求

- 能熟练进行血样、尿样、粪便、皮肤刮取样本品的采集并做相应的处理。
- 能熟练进行微生物的实验室检查操作。
- 能熟练操作血细胞分析仪、生化仪等实验室诊断常用仪器。
- 能解读实验室诊断的各项化验指标。

项目描述分析

本项目共有15项任务，通过学习实验室工作技能，使学生学会血液采集、血涂片制备及镜检、血液常规项目检查、血生化检查、血气检查、血型配对、尿液采集、尿液检查、粪便检查、皮肤病检查、快速测试剂盒检测、核酸检测、细菌分离与培养、细菌标本片的制备染色与镜检、抗菌药物敏感性试验操作，并能解读实验室诊断的各项化验指标。

教师通过分组教学，指导学生根据任务要求，分工协作完成任务。学生通过角色扮演、模拟宠物医院真实病例实验室检查操作，熟悉宠物医院中宠物医生助理的工作环境，同时培养学生的职业素养。学生借助网络、教材、补充学材、工作页等，观察真人演示操作示范，观看教学视频，进行自主探索和团队互相协作，培养学生的自主学习能力。

任务导入

贵宾犬，7岁，雌性未绝育，常规免疫和驱虫。2天前，患犬精神沉郁，有呕吐，喜卧地，不食但爱喝水，大小便无异常，腹围略有增大。体温 39.8 ℃，心率 110 次 / min，呼吸 23 次 / min。根据患犬病史及临床体格检查，宠物医生需对其进行血液学检查，需要宠物医生助理完成血液采集、血涂片制备及镜检、血常规检查、血生化检查和血气检查。

具体见任务 2.1 至任务 2.5。

任务 2.1 血液采集

任务目标

- 能定位宠物静脉采血部位。
- 能根据检验项目，做好静脉采血准备工作。
- 以犬臂头静脉为例，能完成静脉采血，操作过程符合规范。
- 能根据检验项目，妥善处理血样。

相关知识

宠物经体格检查后，需要进一步完成血液学检查。现要求宠物医生助理从患犬臂头静脉采取 3 份血样备检。

犬猫常用的采血部位是前肢的臂头静脉、后肢的隐静脉和颈静脉等。采血前，根据犬猫体型大小、性格温顺程度采用合适的保定方式，原则是尽量减少犬猫的应激，以免造成血液样品检验结果的误差。

任务实施

一、操作前准备

1. 材料准备

伊丽莎白颈圈、一次性静脉采血针、2 mL 容量的乙二胺四乙酸（EDTA）真空采血管、压脉带、酒精棉球、干棉球、镊子、宠物推毛剪、一次性检查手套、标签。

2. 人员准备

（1）向宠物主人了解宠物的性情、身体情况以及病史、用药史。

（2）检查相关物品是否已备齐。

（3）操作者需戴一次性检查手套。

3. 宠物准备

（1）宠物的接近。

（2）用伊丽莎白颈圈对宠物进行保定。

4. 环境准备

操作环境清洁、安静、安全，有足够的照明，密闭性好。

二、操作过程

1. 通过触诊和（或）眼观确定血管位置，如有必要可用宠物推毛剪剃毛（见图 2–1–1）。

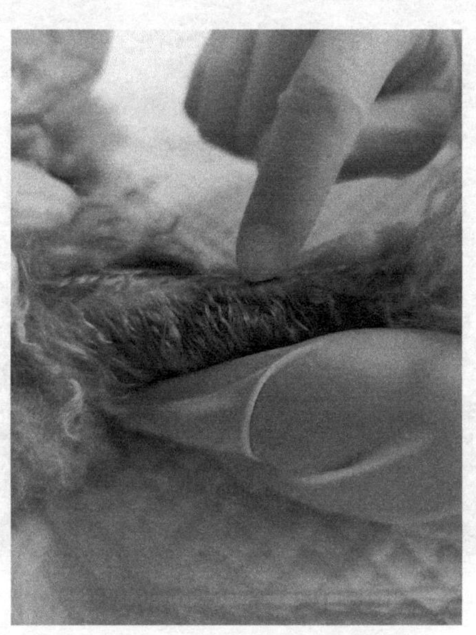

图 2–1–1　确定血管位置

2. 在血管采血位置近心端安放压脉带，使血管充盈。

3. 用镊子夹取酒精棉球擦拭拟进针部位。

4. 轻轻而果断地将一次性静脉采血针以与皮肤表面呈 30° ～ 40° 角插入皮肤，并进入血管（见图 2–1–2），顺利回血后采血针另一头刺入 EDTA 真空采血管，血量充足后更换另一真空采血管，并将原采血管轻轻颠倒 3～5 次，使血液与 EDTA 充分混匀。

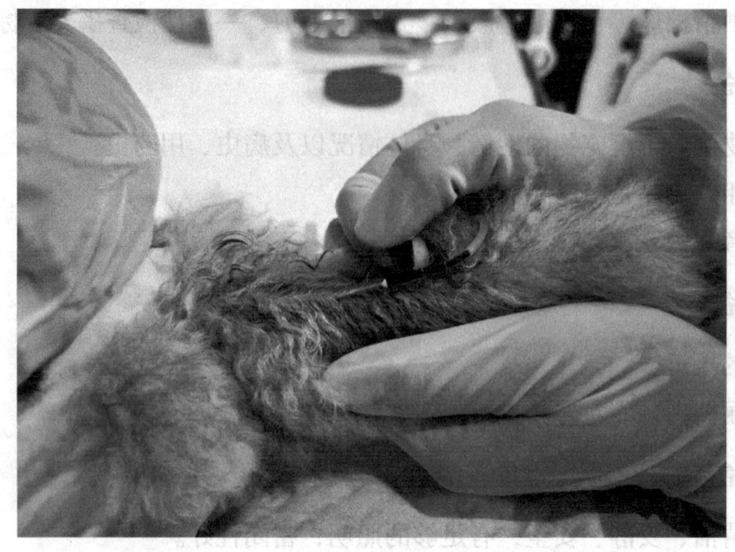

图 2–1–2　以与表肤表面呈 30° ～ 40° 角刺进血管

5. 重复上述操作，直至完成 3 份血样的采集（见图 2–1–3）。

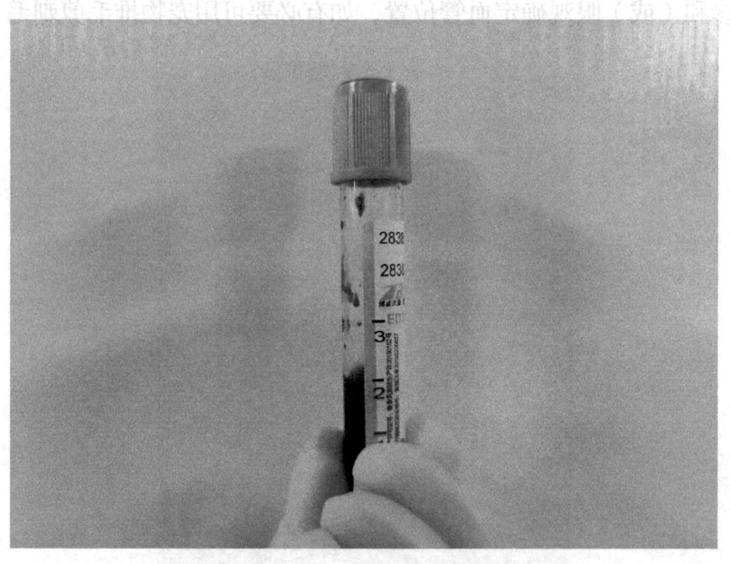

图 2–1–3　完成采集的血样

6. 拔针后，对静脉穿刺部位用干棉球施压止血。

7. 在采血管贴上标签，以尽量减少样品混淆或放错的可能性。

三、注意事项

1. 在其他人保定宠物的同时，宠物医生助理对宠物皮肤和周围组织施加足够压力，保持血管不要脱离针头。

2. 避免用力过度，以防止静脉低血容量或狭窄出现塌陷或拉伸。

3. 当皮肤粗糙或脱水时，将针头插入静脉的一侧并重新调整方向，以防止静脉意外穿孔，因静脉会在皮肤上方缺口回弹。

4. 用稳定负压和穿刺位置抽吸血液，防止针孔处血管壁抖动，导致溶血、动物不适和凝血。

5. 遵循每个具体检测的处理和存储要求。

6. 如果血清、血浆或者血液样本不能及时检测，需要冷藏保存，同时做好标记。采集的血样要分装到抗凝管混匀、密闭，室温保存不超过 6 h。

7. 严格遵守无菌操作规程，对所有采血用具、采血部位，均认真进行消毒。采血针头、注射器必须洁净、干燥，如有水汽残留可能引起溶血。

任务 2.2 血涂片制备及镜检

任务目标

- 能制作血涂片。
- 能使用迪夫快速染色液（Diff-quik）染色法完成血细胞染色。
- 能使用显微镜观察杆状中性粒细胞、分叶中性粒细胞、淋巴细胞、单核细胞、血小板、红细胞。

相关知识

随着精密的自动化血液细胞分析仪的开发与使用，临床血液检验的质量和效率不断提高，但同时人们又面临着一个新的问题：仪器对血液细胞形态和内部结构的识别存在着局限性和不足，这就需要对传统的血涂片镜检加以识别、确认。细胞形态学检验的金标准不是血液细胞分析仪所能替代的。

血涂片染色显微镜检查是血液细胞形态学检查的基本方法，主要用于红细胞、白细胞、血小板形态等检查，还可以用于白细胞、血小板的数量评估。该方法在临床应用极为广泛，特别是对于各种血液病的诊断和鉴别诊断，具有重要价值。血涂片制备不良，染色不佳，常使血液细胞的形态学鉴别和诊断发生困难。如果血膜过厚则使细胞重叠缩小；血膜太薄易导致细胞分布不均，白细胞多集中于边缘。因此，制备厚薄适宜、头体尾分明、染色良好的血涂片，是血液细胞形态学检查最基本的要求，必须以认真负责的态度注意操作过程中的每一个环节。

本案例中，患犬就诊经血液采集后，现要求宠物医生助理完成血涂片制备及镜检。

任务实施

一、操作前准备

1. 材料准备

（1）血涂片制片材料：EDTA-2K（乙二胺四乙酸二钾）抗凝血 1 mL、塑料吸管、载玻片、盖玻片。

（2）染色工具：细胞迪夫快速染色液（含有迪夫 A、B、C 溶液）、洗耳球、冲洗瓶、染色缸。

（3）镜检工具：显微镜、香柏油、擦镜纸、95% 无水乙醇。

2. 人员准备

（1）检查相关器材是否已经备好。

（2）熟悉显微镜的操作及保养方法。

（3）工作服穿戴整齐。

（4）双手不能佩戴饰品。

3. 环境准备

操作环境清洁、安静、安全，有足够的照明。

二、操作过程

1. 制片

（1）将 EDTA 抗凝血颠倒数次混匀，以左手拇指、中指夹持载玻片两端，用塑料吸管吸取适量 EDTA 抗凝血，管口轻触载玻片右 1/4 处，使载玻片蘸上适量 EDTA-2K 抗凝血（见图 2–2–1）。

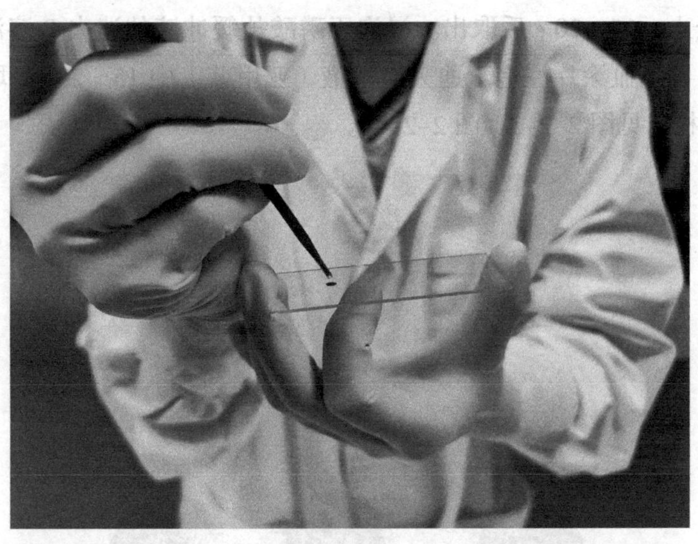

图 2–2–1　在载玻片上蘸上适量 EDTA 抗凝血

（2）右手持选好的盖玻片，拇指、中指夹持盖玻片两缘，食指轻压盖玻片表面，将盖玻片一边压在载玻片血滴的前方，30° 角向后拉盖玻片至轻触血滴，待血滴沿盖玻片横截面扩散成线后，匀速前推盖玻片直至载玻片的尽头。前推时角度依血液情况调整：贫血时角度要加大；脱水血液黏稠时，角度要减小（见图 2–2–2）。

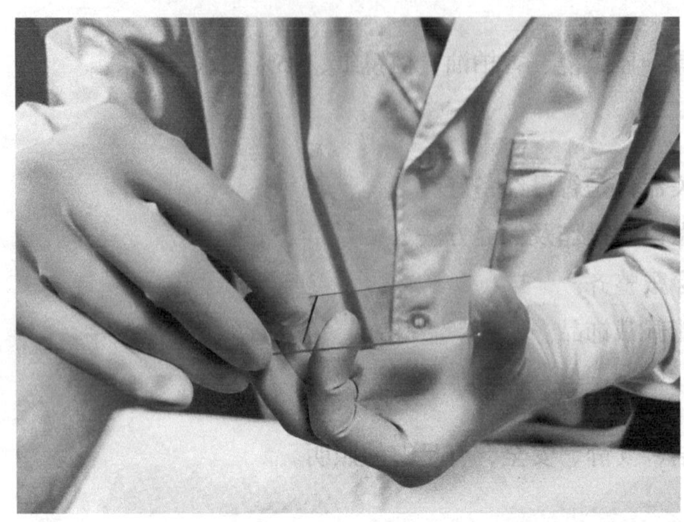

图 2–2–2　盖玻片轻触血滴使横截面扩散成线

（3）使用洗耳球轻吹，使其迅速干燥，以防细胞皱缩变形。若操作正确，血滴对面的涂片边缘应呈羽状。

2. 染色

使用迪夫快速染色法，将血涂片放入装有迪夫 A 溶液（曙红、甲醇）的染色缸里，使血涂片完全浸入，15～20 s 后取出。浸泡于磷酸盐缓冲液的迪夫 B 溶液中洗掉迪夫 A 溶液，稍甩干。再把血涂片浸泡于迪夫 C 溶液（亚甲蓝）中 15～20 s，取出。用冲洗瓶冲洗，干燥，镜检（见图 2–2–3、图 2–2–4）。

图 2–2–3　使用迪夫快速染色法染色

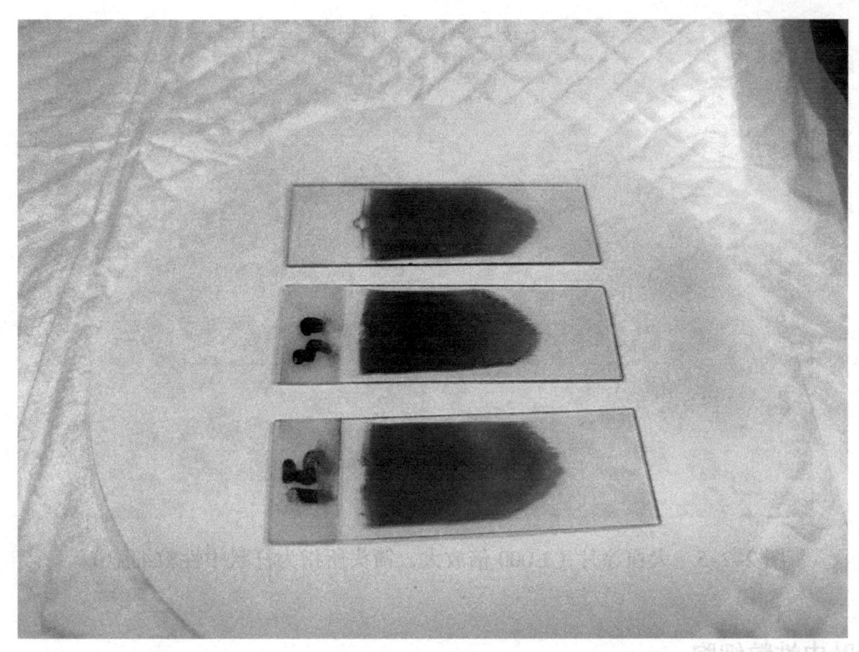

图 2-2-4 成片

3. 镜检

（1）打开显微镜光源，将载玻片放置在载物台上，稳定地固定好，以保证在移动载玻片或转换镜头时载玻片不会移动。用 10 倍物镜开始观察，对全部细胞有一个总体评价。后将视野固定在涂片尾部单层区域（适于判读的区域），也可在 40 倍物镜下使用同样的步骤寻找合适的视野。

（2）滴加香柏油，将镜头转换至 100 倍物镜下观察细胞（包括杆状中性粒细胞、分叶中性粒细胞、淋巴细胞、单核细胞、嗜酸性粒细胞、红细胞、血小板）。

（3）使用完毕后，取下载玻片，用滴加 95% 无水乙醇的擦镜纸擦去香柏油，将光源调至最暗，旋转物镜旋转盘至最低倍物镜，调低载物台，并关闭电源。

三、各细胞形态判读

1. 杆状中性粒细胞

杆状中性粒细胞呈圆形，胞浆淡粉色，胞浆内有多量紫红色细小颗粒，核紫色，呈 C 形、U 形或 S 形，且两边较平行，最细的部分超过核宽度的 1/3（见图 2-2-5）。

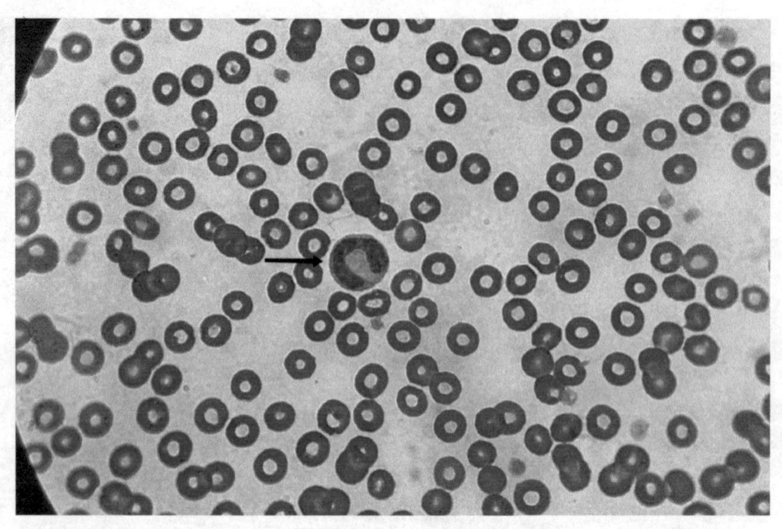

图 2–2–5　犬血涂片（1 000 倍放大，箭头所指为杆状中性粒细胞）

2. 分叶中性粒细胞

分叶中性粒细胞呈圆形，胞浆淡粉色，胞浆内有多量紫红色细小颗粒，核紫色，分成 2～4 叶，在叶之间有细丝相连（见图 2–2–6）。

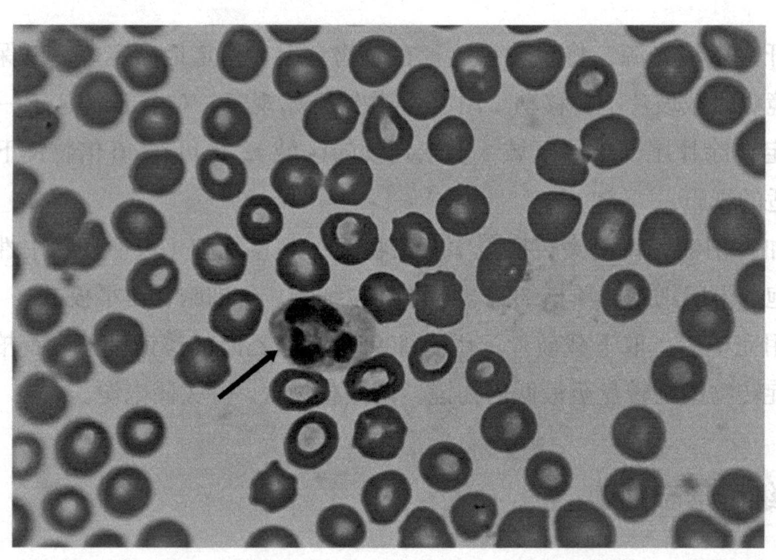

图 2–2–6　犬血涂片（1 000 倍放大，箭头所指为分叶中性粒细胞）

3. 淋巴细胞

淋巴细胞分大小两种，小淋巴细胞呈圆形，比中性粒细胞稍小，核蓝紫色，圆形或肾形，胞浆很少，蓝色。大淋巴细胞比中性粒细胞稍大，核圆形或肾形，胞浆相对较多，天蓝色，淋巴细胞的胞浆清澈透明（见图 2–2–7）。

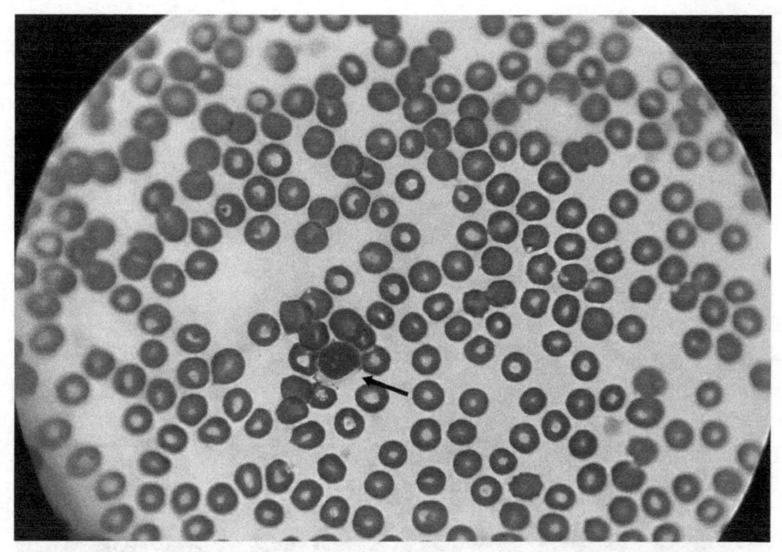

图 2–2–7　犬血涂片（1 000 倍放大，箭头所指为淋巴细胞）

4. 单核细胞

单核细胞通常是外周血液中最大的细胞，核蓝紫色，但较淋巴细胞核色淡，核呈肾形，多角形，形状不规则。胞浆较多，呈浅灰蓝色，有时内含空泡和粉色颗粒（见图 2–2–8）。

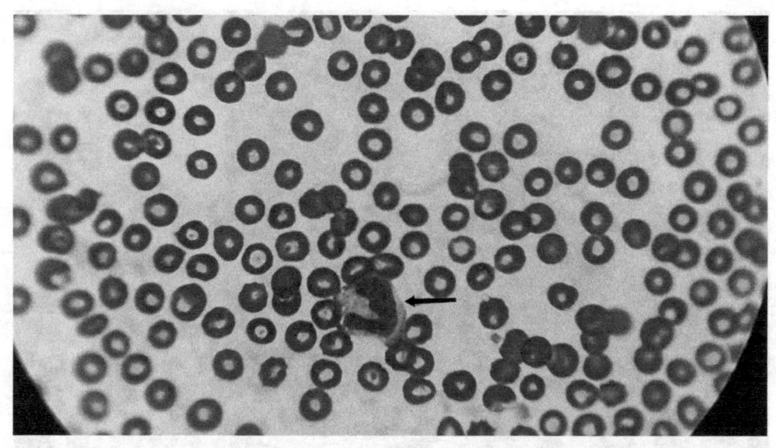

图 2–2–8　犬血涂片（1 000 倍放大，箭头所指为单核细胞）

5. 嗜酸性粒细胞

嗜酸性粒细胞直径大小为 13～15 μm，细胞核分叶或者部分分叶，染色质浓密，深紫，细胞质含有大小和数量不等的圆形橙红色颗粒，偶尔也可能含有一个或数个大的圆形颗粒（见图 2–2–9）。

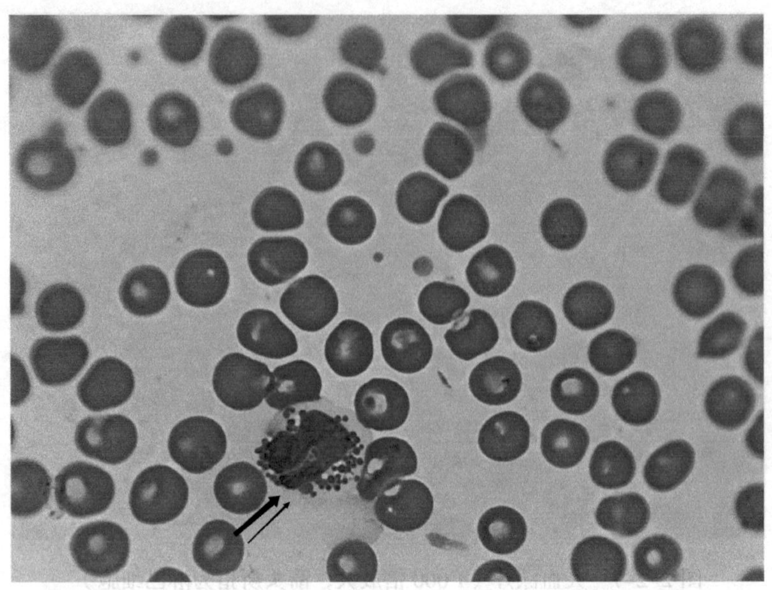

图 2–2–9　犬血涂片（1 000 倍放大，箭头所指为嗜酸性粒细胞）

6. 红细胞

哺乳动物正常红细胞呈双凹圆盘状，细胞边缘着色较深，中央淡染，同一个体的红细胞直径大小 5.5～6.0 μm，应比较均匀，成熟红细胞无核（见图 2–2–10）。

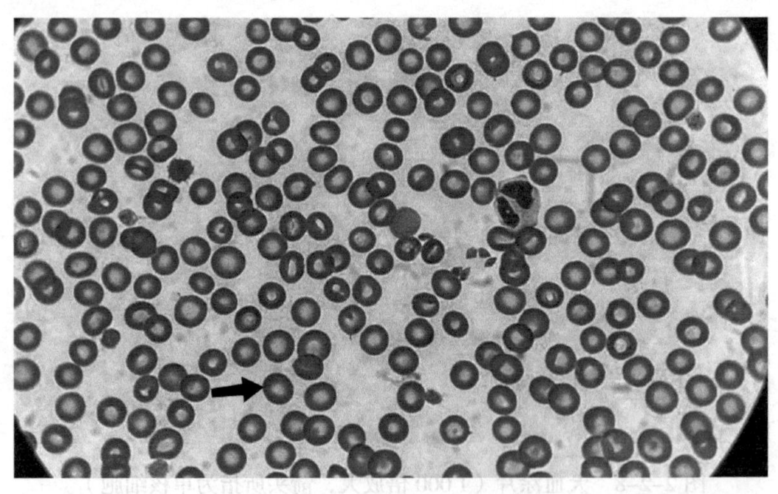

图 2–2–10　犬血涂片[①]（1 000 倍放大，箭头所指为犬正常红细胞）

7. 血小板

正常犬血小板呈盘状、椭圆形，稍微拉长、扁平，淡蓝色无核细胞，中间有颗粒、

① 本图由潘加如医生提供，该犬确诊为巴贝斯虫感染。

直径大小 2.2～3.7 μm，幼稚血小板通常是巨型血小板（见图 2–2–11）。

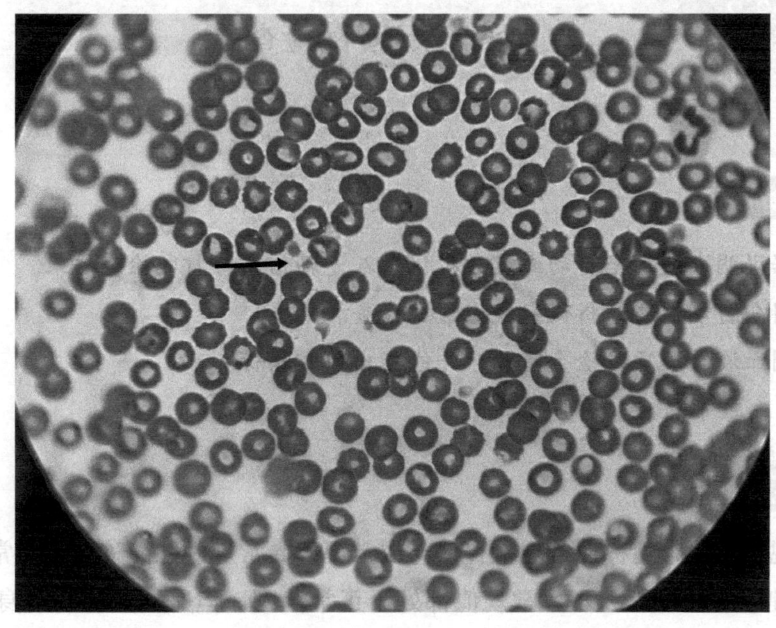

图 2–2–11　犬血涂片（1 000 倍放大，箭头所指为血小板）

四、注意事项

1. 取血滴不宜过多，以免涂片过厚，影响观察。

2. 要使涂片厚薄均匀，拿片角度和推片速度都要适中，用力要均匀。

3. 观察涂片一般在后半部为好，白细胞在边缘和尾端较多。

4. 染色前，要确保血涂片已经完全干燥，否则用洗耳球吹干。

5. 使用蒸馏水管瓶冲洗时，从血膜上方冲洗，不宜对着血膜冲洗。

6. 染色后，血涂片可以自然风干。如果急需观察，可以用滤纸吸掉多余的水分，然后用洗耳球吹干。

7. 染色后，需要尽快收拾操作台，保持整洁。迪夫快速染色液使用后应尽快盖上盖子拧紧，防止染液挥发。

任务2.3 血液常规项目检查

任务目标

- 能根据说明书使用全自动血液分析仪录入宠物信息、打印检查结果。
- 能使用全自动血液分析仪完成血常规检查。
- 能识别血液常规项目检查指标，并能指出异常指标。

相关知识

血液常规项目检查简称血常规检查，与尿常规、粪常规一并简称“三大常规”。

宠物在健康的情况下，三大常规值都处于正常范围，但是当其患病或身体受到某种不良刺激和创伤时，其数值会发生变化。临床上，血常规检查是宠物医生诊断疾病常用的辅助检查手段之一。

血液是由血浆和血细胞构成的，其中血细胞又由红细胞、白细胞、血小板组成。血常规主要就是检查这些成分的数量变化以及形态分布，从而判断血液的情况和进行疾病检查，所以报告主要分为三大系：白细胞系、红细胞系、血小板系。血常规检查报告包括的内容有参数名称、结果、单位、参考范围等内容，“L”或“↓”表示该指标偏低，“H”或“↑”表示该指标偏高，血常规检查结果的判读需综合各指标及临床表现进行。

本案例中，患犬就诊经体格检查后需要进一步完成血液检查，需要宠物医生助理使用已采集的血样完成血常规检查。

任务实施

一、操作前准备

1. 材料准备

全自动血液分析仪、待检血样。

2. 仪器准备

对全自动血液分析仪进行预热，对取样器微孔和管路进行自动清洗，完成排堵检测、稀释器和吸样管校准。

3. 宠物信息录入

录入宠物病历号、年龄、性别等基本信息。

二、操作过程

1. 混匀待检血样，打开抗凝管塑胶塞，将吸样针套入抗凝管，直达管底，稍微倾斜使针口与管底之间留下空隙。

2. 按下吸样开关键，仪器运行，待吸样完毕后吸样针自动收闭，仪器进入自动稀释和检测程序。

3. 听到仪器自动检测完毕提示音后，按下打印键打印检测结果。

4. 阅读血常规检查结果，标记异常指标及其所提示信息。

三、血常规检查指标

1. 白细胞（white blood cell，WBC）计数

高值时可能为身体部位发炎、白血病、组织坏死等，但怀孕及激烈运动过后也会偏高；低值时可能为病毒感染、再生障碍性贫血及自体免疫疾病。

2. 红细胞（red blood cell，RBC）计数

贫血或失血时都会影响红细胞数目。高值时可能患红细胞增多症，低值时可能为贫血。

3. 血红蛋白（hemoglobin，Hb）测定

血红蛋白存在于红细胞中，是运送氧气的物质，以提供体内所必需的氧。雌性宠物受怀孕的影响，血红蛋白普遍比雄性低。高值时可能为红细胞增多症，心排血量减少；低值时可能为低血色素性贫血或缺铁性贫血。当宠物贫血时血红蛋白和红细胞减少程度不一样。如严重的低色素性贫血时，血红蛋白减少比红细胞更加明显。而大红细胞性贫血时红细胞的减少比血红蛋白明显。

4. 红细胞压积（hematocrit，HCT）

红细胞压积指红细胞在血中所占体积的百分比，其能更正确地反映贫血的程度。高值时可能有脱水症或红细胞增多症，低值时则可能贫血。

5. 平均红细胞体积（mean corpuscular volume，MCV）

平均红细胞体积代表红细胞的平均体积。高值时表示红细胞过大，见于缺乏维生素 B_{12} 和叶酸的贫血、巨红细胞症；低值时表示红细胞较小，见于缺铁性贫血、地中海贫血

以及慢性疾病造成的贫血。

6. 平均红细胞血红蛋白（mean corpuscular hemoglobin，MCH）

平均红细胞血红蛋白代表红细胞中血红蛋白平均含量，其临床意义可参见“7. 平均红细胞血红蛋白浓度”。

7. 平均红细胞血红蛋白浓度（mean corpuscular hemoglobin concentration，MCHC）

平均红细胞血红蛋白浓度代表红细胞中血红蛋白的浓度平均值，作为对血红蛋白检验值的佐证。除了遗传性球形红细胞增多症外，MCHC 不大于 36；MCHC 降低则常见于缺铁性贫血和地中海贫血。

8. 红细胞体积分布宽度（red cell volume distribution width，RDW）

当红细胞体积大小相差较大时，RDW 会上升，可作为诊断贫血的参考。

9. 血小板计数（platelet count，PLT）

高值时可能与红细胞增多症、慢性骨髓性白血病、骨髓纤维化、脾脏切除、慢性感染症或急性感染恢复期有关；值过低时可能有出血倾向、凝血情形不良的再生障碍性贫血。

10. 白细胞五项分类（WBC differential count）

白细胞分为中性粒细胞、嗜酸性粒细胞、嗜碱性粒细胞、淋巴细胞及单核细胞。白细胞分类的值，均应与白细胞检查值相互配合才能作出正确诊断。

（1）中性粒细胞偏高，可能是细菌感染、炎症或骨髓增殖症。

（2）中性粒细胞偏低，可能有再生障碍性贫血或某些药物的副作用。

（3）嗜酸性粒细胞过多，可能有过敏、寄生虫感染、各种皮肤病、恶性肿瘤或白血病。

（4）嗜碱性粒细胞过多，可能有慢性粒细胞性白血病、骨髓增殖疾病。

（5）单核细胞增多，可能在急性细菌感染的恢复期，或有单核细胞性白血病。

（6）淋巴细胞增多，可能感染滤过性病毒或结核菌。

（7）淋巴细胞减少，可能有免疫缺乏病、再生障碍性贫血。而在急性感染症的初期，中性粒细胞增加时，淋巴细胞百分比会相对减少。

四、注意事项

1. 血液常规项目检测使用的抗凝剂必须选择 EDTA 抗凝管（紫色头盖），用量为 1.5～2.2 mg/mL 血样。

2. 采血后抗凝管密闭，室温保存不超过 6 h。

3. 稀释器、吸样管要经过校准。吸样后吸样管外的血液要完全擦干净。血液稀释后要尽快测定。

4. 检测前混匀很重要，如果无旋转式混匀器应颠倒混匀至少 8 次，混匀操作动作力求轻柔。

任务2.4 血生化检查

任务目标

- 能根据说明书使用动物专用生化分析仪录入宠物信息、打印检查结果。
- 能使用动物专用生化分析仪完成血生化检查。
- 能识别血生化检查项目并指出异常指标。

相关知识

随着科学技术的发展，现代宠物疾病的检查除了传统的临床检查方法外，还需要有实验室检验、检查。只有进行综合的检查和分析才能对疾病有准确的判断。

宠物血生化检查是利用生物以及化学的方法对宠物机体的代谢状况和重要组织器官的功能状态进行检查的一种方法。宠物血生化检查是最常用的检查手段之一，为某些疾病的诊断提供依据。

目前，最常用的是动物专用生化分析仪，可以对多种血生化成分进行测定。对于不同的器官，检查时所关注的生化指标也有所不同。如怀疑肝脏和肾脏疾病时，需重点关注的有尿素氮、肌酐、总蛋白以及钙镁离子等指标；怀疑机体电解质紊乱时，重点关注钠离子、钾离子以及氯离子等指标。血生化结果判读中最常用的指标有丙氨酸氨基转移酶、天门冬氨酸氨基转移酶、总蛋白、肌酐和尿素氮等。

本案例中，患犬就诊经体格检查后需要进一步完成血液检查，需要宠物医生助理使用已采集的血样完成血生化检查。

任务实施

一、操作前准备

1. 材料准备

动物专用生化分析仪、检体（待检血样）、移液器、吸管吸头、试剂盘。

2. 仪器准备

对动物专用生化分析仪进行开机预热。

3. 宠物信息录入

录入宠物病历号、年龄、性别等基本信息。

二、操作过程

1. 试剂盘准备

（1）将铝箔袋口朝缺口方向撕开后取出试剂盘。

（2）取出试剂盘时，手指应连同棉纸一起夹住。

（3）取出后，应用另一只手拿取试剂盘周围。

（4）此时，原先夹住试剂盘的手指可松开并把棉纸丢弃。

（5）注入检体前，需将试剂盘上方的铝箔封条撕除。

2. 检体注入

（1）使用移液器与吸管吸头抽取 200 μL 检体。

（2）试剂盘盘面与吸管吸头之间保持垂直角度，缓慢按压移液器将检体注入试剂盘内。

3. 进行检测

（1）点选屏幕上的“开始”，读盘机座即打开。

（2）手握试剂盘边缘并保持盘面水平，拿取时避免碰触试剂盘表面，将试剂盘条形码朝外缘，条形码下方之凹槽对准测试载盘外缘的凸点，并将试剂盘（卡匣）压入机座内测试载盘。

（3）利用触控屏或条形码扫描器输入病历号码。点选“确定”，令读盘机座关闭。

（4）输入宠物种类信息，使用所属参考值范围，如果是启用表头选项，选择宠物种类后，系统将要求继续输入名称、性别、体重和年龄等信息。

（5）系统进行检测，屏幕出现“分析中…”的字样信息。

4. 显示检测结果

（1）分析完成后系统自动显示检测报告，并可打印检测结果。

（2）选取“主页”后，开启读盘机座，可取出试剂盘结束分析，或是置入新的试剂盘，然后点选“确定”，读盘机座会自动关闭，继续下一个检测（若无动作，15 s 内会自动关闭读盘机座）。

5. 阅读检查结果

阅读血生化检查结果，标记异常指标及其所提示信息。

三、部分血生化指标及简称

1. 肝功能

白蛋白（ALB）、总蛋白（TP）、总胆红素（TB）、总胆汁酸（TBA）、直接胆红素（DBB）、谷草转氨酶（AST）、谷丙转氨酶（ALT）、γ- 谷氨酰转移酶（γ-GT）、胆碱酯酶（CHE）、碱性磷酸酶（AKP）。

2. 肾功能

尿素氮（BUN）、肌酐（Cr）、尿酸（UA）。

3. 心功能

乳酸脱氢酶（LDH）、血钾（K）、血钙（Ca）、肌酸激酶（CK-NAC）。

4. 血糖血脂

葡萄糖（GLU-OX）、甘油三酯（TG）、酮体、胆固醇（CHOL）、果糖胺（FMN）、高密度脂蛋白胆固醇（HDL-C）、低密度脂蛋白胆固醇（LDL-C）。

5. 电解质

钠（Na）、氯（Cl）、碳酸氢盐、镁（Mg）、无机磷（P）、钙（Ca）。

6. 胰腺

淀粉酶（AMY）。

7. 内分泌

碱性磷酸酶（AKP）、肌酸激酶（CK-NAC）、葡萄糖（GLU-OX）、胆固醇（CHOL）、钙（Ca）、磷（P）、钠（Na）、钾（K）、镁（Mg）。

任务 2.5　血气检查

任务目标

- 能使用血气分析仪完成血气检查。
- 能识别血气分析检查项目并指出异常指标。

相关知识

血气分析能及时准确地反映机体的呼吸和代谢功能，客观评价宠物的氧合、通气及酸碱平衡状况，同时也可以反映宠物肺脏、肾脏及其他内脏器官的功能状况，是监测急诊宠物病情变化的主要手段，对于危急症的诊断、治疗和预后的判断有重要作用。

血气分析在疾病诊断和治疗中主要有如下作用。

（1）提供潜在疾病的诊断方向，为确诊提供更多的信息。

（2）早期认识存在的并发症。

（3）提供治疗的方向。

（4）检测治疗可能出现的并发症。

本案例中，患犬就诊经体格检查后需要进一步完成血气检查，需要宠物医生助理使用已采集的血样完成血气分析。

任务实施

一、操作前准备

1. 准备器材

i-STAT 血气分析仪、血样、标准测试卡、一次性注射器、定量吸管等。

2. 预热器材

打开电源开关，将 i-STAT 血气分析仪开机预热，并启动外部电子模拟校准器校准仪器。

二、操作过程

1. 按①键打开 i-STAT 血气分析仪，按②键（i-STAT 测试卡）进入卡片测试。

2. 使用数字键输入或扫描输入操作者 ID 以及宠物 ID，也可以按两次“ENT”键跳过。

3. 扫描标准测试卡卡片包装袋上的条形码或者按下“ENT”键跳过，但免疫卡片和 CHEM8+，PT/INR 卡片必须扫描批号。

4. 使用定量吸管或一次性注射器采血后，滴 3 滴样品在测试卡纱布垫片上。注入血样至测试卡填充标记位，扣上卡片盖，并将加样后的测试卡手持插入 i-STAT 血气分析仪的插口。

5. 等待检测，在“CARTRIDGELOCKED”信息消失前请勿取出测试卡。

6. 按“PRT”键打印结果，上传结果到 CDS 中央数据管理系统。

7. 按①键后，拔卡。

三、部分血气分析指标结果判读

1. pH

健康宠物的血液 pH 为 7.35～7.45。不同种类宠物的 pH 略有不同，不同仪器检测结果也不尽相同。若 pH ≤ 7.0 或 pH ≥ 7.6 时，宠物可能有生命危险，需紧急处理。

2. 氧分压（PaO_2）

PaO_2 指血浆中物理溶解的 O_2 产生的张力。动脉血 PaO_2 可提示肺部的氧交换能力，静脉血可以提示外周组织利用氧的情况。

氧容量：指每 100 mL 血液中，Hb 结合 O_2 的最大值。

氧含量：指一定氧分压下，Hb 实际结合的 O_2 量。

氧饱和度：指氧含量与氧容量的百分比。

3. 二氧化碳分压（$PaCO_2$）

血浆中呈物理溶解状态的 CO_2 分子产生的压力，动脉血 $PaCO_2$ 能反映肺泡通气量的情况。

4. 二氧化碳总量（TCO_2）

TCO_2 指在血清或血浆中加入强酸时所产生的 CO_2 总量。

TCO_2 是血液中溶解的 CO_2 和 HCO_3^- 总和，因此，正常机体的 TCO_2 浓度比 HCO_3^- 浓度高 1～2 mEq/L。

5. 碳酸氢盐（HCO_3^-）

标准碳酸氢盐指的是在标准条件下，即 $PaCO_2$ 为 40 mmHg，温度为 37 ℃，血红蛋白氧饱和度为 100% 时，测得的血浆中 HCO_3^- 的量，是判断代谢性酸碱平衡的指标。该指标可见于代谢性酸中毒、代谢性碱中毒、呼吸性酸碱紊乱时代偿。

6. 细胞外液碱剩余（extracellular fluid base excess，BE）

标准条件下（$PaCO_2$ 为 40 mmHg，温度为 37 ℃时），用强酸或强碱滴定全血样品至 pH 为 7.4 时所需要的强酸或强碱的量（mmol/L）。其只受固定酸或挥发酸的影响，被认为是代谢性酸碱失衡的指标。若用酸滴定 pH 至 7.4，BE 用正值表示；若用碱滴定 pH 至 7.4，BE 用负值表示。

7. 阴离子间隙（anion gap，AG）

AG 是一个计算值，是血浆中未测定阴离子（undetermind anion，UA）和未测定阳离子（undetermind cation，UC）的差值。临床上，AG 升高提示代谢性酸中毒，下降可见于低蛋白血症，也可见于免疫球蛋白 G（immunologlobulin G，IgG）过高的骨髓瘤病例。

任务导入

贵宾犬，10 岁，雌性未绝育，常规免疫和驱虫。2 天前，患犬精神沉郁，呕吐。根据血液检查发现肾衰竭晚期，严重贫血，需要输血急救。

具体见任务 2.6。

任务 2.6 血型配对

任务目标

- 能完成血型配对。
- 能判读血型配对结果。

相关知识

在临床治疗犬猫疾病过程中，输血是常用的治疗方法之一。输血疗法是治疗犬猫贫血的一种有效措施，可以迅速补充患病宠物的微循环血量和体液量，补充红细胞、血浆、凝血因子和血小板，维持血压，增强血液携氧能力和血凝性，刺激造血机能，起到补血、止血、解毒，提高机体耐受力的作用。

血型是红细胞表面的遗传标记，即红细胞的表面抗原，该表面抗原特异性抵抗某一抗体。一系列血型（两个或两个以上等位基因）构成了一个血型系统。

目前，国际公认的犬血型有 8 种，分别是红细胞抗原（dog erythrocyte antigen，DEA）1.1（A1）、DEA1.2（A2）、DEA3（B）、DEA4（C）、DEA5（D）、DEA6（F）、DEA7（Fr）、DEA8（He）。其中最具临床意义的是 DEA1.1、DEA1.2 以及 DEA7。DEA1.1 和 DEA1.2 引起的输血反应最强烈，应引起重视。DEA7 的抗原性较弱，也会影响输入的红细胞的寿命。

猫的血型有 3 种，分别是 A 型、B 型和 AB 型。一般而言，大多数猫都是 A 型血；B 型较为少见，但是在某些品种中出现的概率较高，如英国短毛猫、德文卷毛猫、斯芬克斯猫等；AB 型更为罕见。猫自然状况下就能产生抗 A 型和 B 型的同种抗体，这些抗体会造成输血反应和新生仔猫溶血。B 型猫体内天然的抗 A 型同种抗体，具有强烈的凝集和溶血作用，当向 B 型猫输入 A 型血时，可发生严重的溶血反应。

本案例中，患犬就诊输血治疗，需要宠物医生助理完成输血前的血型配对。

任务实施

一、操作前准备

1. 材料准备

供血（受血）宠物、双凹玻片（或载玻片）、蜡笔、移液枪、5% 红细胞盐水混悬液、生理盐水、离心机、离心管、吸管、试管、EDTA 抗凝管、犬血型配对试剂卡、显微镜。

2. 环境准备

操作环境清洁、安静、安全，有足够的照明，密闭性好。

二、操作过程

1. 交叉配血法配对

（1）5% 红细胞盐水混悬液制备。从供血（受血）宠物静脉分别采抗凝血 2～3 mL，用生理盐水做 8～10 倍稀释后，用离心机以 1 500～1 800 r/min 离心 3～5 min，弃去上清液，取红细胞泥用生理盐水配成 5% 浓度备用。

（2）供血（受血）宠物血清制备。从供血（受血）宠物静脉分别采抗凝血 5 mL 分别装入离心管内，用离心机以 1 500～1 800 r/min 离心 5～10 min，用吸管或移液枪将上清液吸出，并转移至另一离心管内备用。

（3）配对方法

1）玻片法。取双凹玻片或载玻片一块，用蜡笔在玻片上分别注明主侧、次侧字样。在主侧凹内滴受血宠物血清 2 滴及供血宠物的 5% 红细胞盐水混悬液 1 滴；次侧凹内滴供血宠物的血清 2 滴及受血宠物的 5% 红细胞盐水混悬液 1 滴。混匀，向前后振荡，置室温下 20～30 min，观察结果。

2）试管法。取试管 2 支，注明主侧、次侧字样。各管中所加入的内容物与玻片法相同。混匀后，立即以 1 000 r/min 离心沉淀，然后观察结果，结果判定同玻片法。

（4）结果判定

1）玻片上主、次侧的液体都均匀红染，无红细胞凝集现象。显微镜下观察红细胞界线清楚，表示配血相合，可以输血。

2）若主次两侧或主侧红细胞凝集呈沙粒状团块，液体透明。显微镜下观察，红细胞堆积在一起，分不清界线，表示配血不合，不能输血。

3）若主侧不凝集而次侧凝集时，有两种情况：一是供血宠物血清中的抗体是免疫性抗体，不可输血；二是供血宠物血清中的抗体，虽属正常抗体（凝集素），在一定条件下可以输血，但因其效价较高，凝集强，为了安全起见最好也不输血，以防破坏受血宠物的红细胞。

2. 血型配对卡配对

（1）打开犬血型配对试剂卡外包装，在塑料装置的右侧空白处写下待测宠物的名称和检测日期。

（2）向样品中滴加 3 滴缓冲溶液。

（3）完成采血后（EDTA 抗凝全血，禁止使用肝素抗凝），使用血液收集条带收集血液 10 μL。

（4）将收集了血液的条带伸入样品井，与之前的缓冲液混匀。

（5）将塑料装置分成两部分，将条带部分插入样品井。

（6）等待样品在条带上走完。

（7）将塑料装置两部分合上，以判读结果。

三、注意事项

1. 配血实验所用血液必须新鲜，器材必须洁净。

2. 配血实验时，室温应保持在 18～20 ℃为宜，室温过低，可出现凝集而发生假阳性，过高易发生假阴性。

3. 供血宠物的选择，应以年轻、强壮而无传染病和血液寄生虫病的健康同种同属宠物为宜。

任务导入

缅因猫，2 岁，2 天未见排尿。影像学检查发现膀胱巨大充盈，需要完成尿液采集并进行尿检。

具体见任务 2.7、任务 2.8、任务 3.6。

任务 2.7 尿液采集

任务目标

- 能根据宠物体况，选择合适的方法采集尿液样本。
- 能为尿液采集准备所需耗材。
- 能妥善处理尿液样本。

相关知识

尿液通过肾脏分泌形成，通过膀胱和尿道排出。当肾脏出现异常，也会在尿液中呈现出异常。及时有效地进行全面的尿液分析，能够以相对较低的成本提供有关尿路和非尿路疾病的重要信息。尿液检查可以帮助医生鉴别诊断以下疾病：肾脏疾病、肝脏疾病、糖尿病、尿路感染、贫血、出血性疾病等。

在临床中遇到以下情况，则提示医生需要对宠物进行尿检：（1）排尿动作异常，如摆出排尿的姿势但没有排尿，或者排尿断断续续；（2）尿频，患宠排尿的次数增加，或者饮水量的增加，较之前有所异常；（3）尿液的颜色和往常不同，出现过淡、红、橙、闪闪发光（非黑暗中）、浑浊等情况。

尿液采集的三种方法是膀胱穿刺法、导尿管导尿法和自然排尿法。可根据宠物的依从性、膀胱损伤的风险和专业技术水平等因素的不同选择采集方法。

本案例中，宠物需要宠物医生助理完成尿液采集。

任务实施

一、操作前准备

1. 材料准备

22 G 针头、一次性注射器、宠物推毛剪、酒精棉球、碘伏棉球、一次性检查手套、保定用具、容器。

2. 环境准备

操作环境清洁、安静、安全，有足够照明，密闭性好。

二、操作过程

1. 膀胱穿刺法

（1）宠物医生助理戴好一次性检查手套，宠物仰卧保定。

（2）触诊膀胱确定其大小和位置，宠物推毛剪剃毛后，以穿刺位点为中心顺时针向外，分别使用酒精棉球、碘伏棉球、酒精棉球依次消毒皮肤表面，待消毒剂干燥后进行操作。

（3）在膀胱穿刺前、穿刺中以及穿刺后均要定位并固定膀胱，注意不可过分挤压膀胱。

（4）连接 22 G 针头和一次性注射器。

（5）将针头穿透腹壁，朝向尾背侧，呈一定角度小心地刺入膀胱。这样当膀胱收缩时，可以使针头保持在膀胱腔内，将尿液抽出。

（6）采集 5～10 mL 样本，将针头从腹壁拔出，拔出前应停止抽吸一次性注射器的操作。

（7）更换针头，将尿样注入无菌、密闭容器中。尿液样本在室温（15～25 ℃）下可保存 1 h，冷藏（0～4 ℃）保存不超过 6 h，冷藏保存的尿液应恢复至室温后再进行分析。

2. 导尿管导尿法

详见任务 3.6 导尿管放置操作。为了减轻应激，宠物的导尿法需要镇静或者麻醉，因此一般情况下不用于尿液采集，除非是出于其他原因，如治疗尿道阻塞等。

3. 自然排尿法

在宠物排尿过程中，用洁净、干燥的容器接取中段尿 5～10 mL。中段尿指宠物自然排尿时，让开始的前段尿液将尿道冲洗干净后，接取中段污染较小的尿液样本。

三、注意事项

1. 膀胱穿刺法可以最大限度减少尿液样本中的非尿道污染，非常适合细菌或真菌培养，而且大多数时间都能采集到尿液。宠物仰卧、侧卧或者站立均可操作。操作时，通过触诊或者在超声引导下对膀胱进行定位，固定膀胱后，使用注射器穿刺膀胱采集尿样。

2. 膀胱穿刺法针孔引起的外伤可能引起医源性血尿，而且患有膀胱炎的宠物更容易出血，因此检查血尿时一般不采用膀胱穿刺法。同时，要避免尿液从膀胱穿刺部位进入腹腔，抽出针头的同时抽注射器，避免尿液漏出。

任务2.8 尿液检查

任务目标

- 能对尿液样品进行物理性状检查。
- 能使用尿比重仪检查尿液比重（USG）。
- 能使用尿液分析仪完成尿液化学性质检查。

相关知识

尿液检查也叫尿液分析，内容包括尿液物理性状检验和化学性质检验，以及尿沉渣镜检。尿液检查可用于：泌尿系统疾病诊断与疗效判断；其他系统疾病诊断，如糖尿病、急性胰腺炎、黄疸、溶血、重金属中毒；用药监督，如磺胺药、抗肿瘤药等，可能引起肾脏的损伤。

本案例中，宠物就诊需要进行尿液检查，宠物医生助理使用上一任务采集所得的尿液样本使用尿比重仪和尿液分析仪完成尿检项目。

任务实施

一、操作前准备

材料准备：尿比重仪、尿液分析仪、尿样、纸巾、吸水纸、尿液测试纸、显微镜、离心机、离心管、吸管、载玻片、迪夫快速染色液、容器等。

二、操作过程

1. 物理性状检查

（1）颜色和透明度。在光线充足的情况下，将混匀的尿样置于无色透明的容器内观察颜色和透明度，并记录。健康犬猫尿液颜色、透明度参见表 2-8-1。

（2）尿比重。使用尿比重仪测尿液比重（USG），健康犬猫尿比重参见表 2-8-1。

表 2-8-1 健康犬猫尿液物理性状检查结果参考值

检查项目	犬	猫
颜色	黄色到黄褐色	黄色到黄褐色
透明度	清亮	清亮
比重（USG）	1.015～1.050	1.035～1.060

1）打开盖板，露出尿比重仪的检测折射棱镜，校准。

2）滴一滴尿样于检测折射棱镜表面。

3）立即盖上检测折射棱镜上的盖板。

4）手持尿比重仪，用手指轻压盖板，使尿样摊开，在检测折射棱镜上形成一个薄层，保持尿比重仪水平，并将其对准光源。

5）根据宠物种属选取相应的标尺，读出视场中明暗分界线在标尺上的刻度，保留小数点后第三位。

6）记录结果。

7）用水冲洗尿比重仪，用纸巾擦拭检测折射棱镜和盖板的表面。

2. 化学性质检查

犬猫尿液化学性质检查包括 pH、葡萄糖、酮体、尿胆红素、潜血和蛋白。健康犬猫尿液化学性质结果参考值参见表 2-8-2。

表 2-8-2 健康犬猫尿液化学性质结果检查结果参考值

检查项目	犬	猫
pH	5.5～7.5	5.5～7.5
蛋白	阴性（浓缩尿：阳性）	阴性
葡萄糖	阴性	阴性
酮体	阴性	阴性
尿胆红素	0～+	阴性
潜血	阴性	阴性

尿液测试纸条法化学性质检测的操作如下。

（1）取新鲜、混匀的尿液或尿液上清检测化学性质。冷藏尿样应恢复室温后再进行检测。

（2）将尿液试纸条的测试区全部浸入尿样中（不宜超过 1 s），或将尿液样本快速滴加于各测试色块上，避免尿液从一个测试色块流向其他色块。

（3）用吸水纸吸去试纸条上多余的尿液。

（4）勿使测试区上的试剂相互污染。

（5）光线良好的情况下，在标定时间内，将反应后测试区的颜色和生产商提供的比色板上的色块进行对比，并记录结果。如有必要，进行验证试验。

（6）如有可以进行试纸条判读的设备（如尿液分析仪），按设备说明操作，并记录结果。

3. 尿沉渣的显微镜检查

尿沉渣检查包括对红细胞、白细胞、其他细胞、细菌、管型、结晶及其他成分等的显微镜观察。健康犬猫尿沉渣检查结果参考值参见表 2-8-3。

表 2-8-3　健康犬猫尿沉渣检查结果参考值

检查项目	犬	猫
红细胞（40 倍物镜）	＜5 个	＜5 个
白细胞（40 倍物镜）	＜5 个	＜5 个
其他细胞	少量移行上皮	少量移行上皮
细菌	无	无
管型（10 倍物镜）	＜2，透明管型	＜2，透明管型
结晶	不定，可能有磷酸铵镁和草酸钙结晶（大麦町犬可能有尿酸盐结晶）	不定，可能有磷酸铵镁和草酸钙结晶
脂滴	不常见	常见

（1）离心。准备尿液 2～5 mL，恢复到室温，将尿液混合均匀后转移至离心管中。在 1 000～3 000 r / min 的离心机内离心 3～5 min。

（2）分离上清。用吸管吸取上清转移到另一离心管中，留下 0.2～0.5 mL 的尿液和沉渣，使原液和剩余样本为 10∶1，制备浓缩比例一致的沉渣样本。

（3）制备湿片。轻晃离心管使尿沉渣重新悬浮。用吸管吸取一滴悬浮液至干净的载玻片上，盖上盖玻片，待显微镜观察。

（4）制备涂片。取一滴尿沉渣悬浮液于载玻片上，另取一张洁净的载玻片，十字交叉置于尿沉渣样本上，在样本完全散开前，平稳地推拉第二张载玻片，制成尿沉渣涂片。将涂片自然风干或冷风机吹干后，用迪夫快速染色法染色涂片。

如果沉渣量较少，可采取线性富集的方法制备涂片，取一滴重悬的尿沉渣样本滴于 1 号载玻片的一端，取另一光滑边缘 2 号载玻片，以 30° ～ 45° 角放置在液滴前，待样本在 2 号载玻片边缘扩散后，缓慢进行推片，推片至 1 号载玻片另一端约 3/4 位置时，直接提起拿走 2 号载玻片，让尿沉渣样本在 1 号载玻片上形成浓集线。将涂片自然风干或冷风机吹干后，用迪夫快速染色法染色涂片。

（5）显微镜观察

1）湿片观察。尿沉渣湿片的显微镜观察步骤如下。

① 调低显微镜聚光器，根据物镜调节光圈大小。

② 用 10 倍物镜检查沉渣中较大的成分，如管型、结晶和寄生虫等。

③ 用 40 倍物镜检查尿沉渣，进行红细胞、白细胞和上皮细胞计数，并对细菌、真菌、寄生虫和小结晶进行辨认、计数和描述。

④ 记录显微镜观察结果。

2）染色涂片观察。尿沉渣染色涂片的显微镜观察步骤如下。

① 抬高显微镜聚光器，根据物镜调节光圈大小。

② 从低倍镜到高倍镜观察尿沉渣涂片中的红细胞、白细胞和上皮细胞等结构。

③ 在油镜下观察尿沉渣涂片中的细菌、真菌等微生物。

④ 记录显微镜观察结果。

任务导入

患猫，金吉拉，5 月龄，拉稀 2 天，精神良好，饮食正常。已常规免疫和驱虫。就诊当天已排查猫瘟热为阴性。宠物医生开具粪便检查单，宠物医生助理先采集粪便样本，再完成粪便检查。

具体见任务 2.9。

任务 2.9 粪便检查

任务目标

- 能说出粪便样品采集的操作方法和注意事项。
- 能使用已采集的粪便样本，完成直接涂片。
- 能在直接涂片的基础上，使用迪夫快速染色法完成染色。
- 能对直接涂片及染色涂片镜检，并判读。

相关知识

粪便检查包括检验粪便中的食物残渣、消化道分泌物、寄生虫和虫卵等，该检查对于诊断和治疗消化系统和其他器官疾病具有重要意义。

任务实施

一、操作前准备

1. 材料准备

一次性检查手套、粪便、一次性棉签、载玻片、盖玻片、迪夫快速染色液、显微镜、生理盐水导管、容器等。

2. 人员准备

（1）防护准备。

（2）宠物医生助理戴好一次性检查手套。

3. 宠物准备

（1）宠物的接近。

（2）保定准备。

4. 环境准备

操作环境清洁、安静，有足够的照明。

二、操作过程

1. 粪便采样

（1）使用生理盐水湿润一次性棉签后缓慢进入宠物直肠部，轻刮直肠壁采集少量样本。

（2）一次性棉签退出直肠后，先观察样本物理性状，如是否带血、黏液、寄生虫等。

（3）若不马上进行粪便检查，样本应储存于密闭容器内，冷藏保存，并在 1 h 内判读。

2. 直接涂片法

（1）将 2 mm × 2 mm × 2 mm 的新鲜粪便与 1 滴生理盐水充分混合。应取用粪便表面或黏液包裹的粪便。盖上盖玻片后，在 10 × 10 倍率显微镜下检查涂片来评估是否有活动的微生物。

（2）将沾有粪便样本的一次性棉签在载玻片上轻轻滚动多次，形成待检涂片具备不同涂抹厚度的区域。盖上盖玻片后，在 10 × 10 倍或 10 × 40 倍率显微镜下检查涂片，并评估是否有寄生虫虫卵。

（3）涂片风干后，对涂片染色。经迪夫快速染色液染色，观察到细胞和细菌数量情况。

三、知识补充

1. 粪便采集方法

（1）直接获得（即宠物自主排便）。收集粪便时，应在粪便的中间提取样本，以尽量减少环境微生物的污染。样本应尽可能新鲜。

（2）手指取便。手指取便适用于中大型犬，可在短时间内采集足够样本，但对宠物刺激性较大。

（3）导管取便。导管取便适用于所有体型的犬猫，该方法也是临床普遍使用的一种方式，耗时短，刺激性小，但样本量不够。

2. 粪便镜检

（1）白细胞。白细胞主要是中性粒细胞，正常粪便中不见或偶见，肠道炎症时增多。结肠炎症时如细菌性痢疾，可见大量白细胞、脓细胞、小吞噬细胞。过敏性肠炎、肠道寄生虫病（如钩虫病）时，粪便中可见较多嗜酸性粒细胞。

（2）红细胞。正常粪便中无红细胞，肠道下端炎症或出血时可出现，如痢疾、溃疡性结肠炎、急性结肠炎及直肠炎等。

（3）吞噬细胞。吞噬细胞的直径为中性粒细胞的3倍以上，呈圆形、卵圆形或不规则形，核型多不规则，胞浆常含有吞噬颗粒及细胞碎屑，见于细菌性痢疾和直肠炎症时。

（4）肠黏膜上皮细胞。肠黏膜上皮细胞为柱状上皮细胞，呈卵圆形或短柱状，两端圆钝。在正常粪便中不易见到。结肠炎症时，上皮细胞增多、漫长夹杂于白细胞之间，伪膜性肠炎时粪便的黏膜小块中多见，胶冻样分泌物中大量存在。

（5）肿瘤细胞。消化道肿瘤可能发现成堆的肿瘤细胞。

（6）淀粉颗粒。为大小不等的圆形或椭圆形，呈特殊轮状结构的颗粒，滴加碘液后染成蓝色。常见于腹泻、慢性胰腺炎、胰腺功能不全等。

（7）脂肪小滴。健康宠物粪便中很少见到脂肪小滴，粪便中脂肪含量增多表示脂肪吸收不全，常见于肠炎、肝脏及胰腺疾病等。镜检见大小不一、圆形、折光性强的脂肪小滴。

（8）肌肉纤维。肉食动物粪便中可见少许淡黄色条状、片状的横纹肌纤维片，但在一张盖玻片下不应多于10个。肠蠕动亢进、腹泻、胰腺外分泌功能减退时增多。

（9）其他。粪便中还可见到大量的植物纤维及未完全消化的饲料。

任务导入

英短蓝猫，年龄 1 岁 7 个月，体重 3.1 kg，雄性，已去势（绝育），免疫驱虫不详。主诉宠物身上有皮肤病，持续两个月左右，曾在宠物店用药治疗过，未进行皮肤化验检查，治疗期间没有好转一直反复。经检查，宠物全身性严重脱毛，全身皮屑严重，耳部分泌物黑褐色。基础体格检查：体温 38.5 ℃，心率 130 次 /min，呼吸 30 次 /min。根据患猫病史及临床检查情况进行本检查，宠物医生开具对其进行皮肤检查的诊疗单。

具体见任务 2.10。

任务 2.10　皮肤病检查

任务目标

- 能正确定位皮肤病检查的取样部位。
- 能根据检查项目，做好相关准备。
- 能完成相关操作并会判读结果。
- 能向宠物主人宣讲皮肤病的预防措施。

相关知识

宠物医生在临床工作中常用到的皮肤病检查方法分别有：皮肤刮片检查、压片触片检查、拔毛检查、胶带检查、耳拭子检查。

一、皮肤刮片检查

皮肤刮片检查是临床上最常用的宠物皮肤病检查方法之一，该方法简单而快捷，能鉴别出常见寄生虫感染。皮肤刮片检查分浅层皮肤刮片和深层皮肤刮片。

二、压片触片检查

压片触片检查是常用的皮肤病检测技术，可以用于细菌、真菌、浸润细胞、肿瘤细胞和棘状细胞的鉴定。

三、拔毛检查

拔毛检查方法简单，可以高效检测很多疾病，从感染和寄生虫（如皮肤癣菌病、蠕形螨病等）到各种形式的脱毛。拔毛检查可用于观察毛发的状况，完成对机体的瘙痒状态、真菌感染、色素沉着、生长周期等方面的评估。

四、胶带检查

胶带检查可用于多种皮肤疾病的检查。

五、耳拭子检查

耳拭子检查可检查外观正常的耳道其内部是否有渗出性病变，可用于鉴定外耳道是否存在寄生虫、真菌、细菌感染等问题。

任务实施

一、操作前准备

1. 材料准备

一次性检查手套、一次性棉拭子、矿物油、瑞姬氏染色液、显微镜、载玻片、盖玻片、一次性手术刀片、止血钳、纱布、生理盐水、透明胶带。

2. 人员准备

（1）防护准备。

（2）宠物医生助理戴好一次性检查手套。

3. 宠物准备

（1）宠物的接近。

（2）保定准备。

4. 环境准备

操作环境清洁、安静，有足够的照明。

二、操作过程

1. 皮肤刮片检查

（1）浅层皮肤刮片检查。浅层皮肤刮片检查可用于疥螨、姬螯螨、耳螨、恙螨的观察。

1）在载玻片上滴 1～2 滴矿物油。

2）用一次性手术刀片在载玻片上蘸取少量的矿物油。

3）用一次性棉拭子蘸取矿物油擦拭刮片区域，去除皮肤表面的碎物以利于刮片的进行。

4）持一次性手术刀片，垂直于皮肤，在皮肤病灶处较大范围沿毛发生长的方向轻轻地刮皮肤，进行取样。由于疥螨通常生活在皮肤浅层，因此没有必要一直刮取到渗血为止。

5）将刮取的碎屑置于滴有矿物油的载玻片上，摊匀后盖上盖玻片，用显微镜低倍镜（4 倍和 10 倍）寻找螨虫。

（2）深层皮肤刮片检查。可用于蠕形螨病的诊断。

1）在载玻片上滴 1～2 滴矿物油。

2）用一次性手术刀片在载玻片上蘸取少量矿物油。

3）一只手紧握一次性手术刀片，另一只手在宠物躯干上轻轻地捏起皮肤形成凸起，或折叠外翻耳郭或趾间间隙。

4）用两根手指挤压捏起宠物的皮肤，在同一位置，每次用同样的力量，向同一个方向刮拭捏起的皮肤顶部、耳郭或趾间，直至少量毛细血管出血，这样做的目的是保证收集的病样来自深层皮肤。

5）将刮取的物质和渗出液置于含有矿物油的载玻片上，重复刮 3～5 次，然后摊匀，盖上盖玻片。

6）先在显微镜低倍镜观察评估，然后调至更高倍镜寻找螨虫。

2. 压片触片检查

可用于细菌、真菌、浸润细胞、肿瘤细胞和棘状细胞的鉴定。

（1）选取合适的采样部位（脓疱、痂皮下、渗出部位等）后，直接将载玻片按压于采样部位。如采样部位过脏，则需要用生理盐水清洗后用纱布抹干再进行采样。

（2）风干后，用瑞姬氏染色液对样本进行染色方可通过显微镜进行观察。

3. 拔毛检查

用于观察毛发的状况，可完成对宠物的瘙痒状态、真菌感染、色素沉着、生长周期等方面的评估。

（1）在载玻片上滴 1～2 滴矿物油。

（2）用止血钳紧贴皮肤夹住 10～20 根毛发，拔毛时，垂直于皮肤表面的方向，快而稳地拔出毛发（这样可以减少宠物的不适）。

（3）将毛发置于滴有矿物油的载玻片上，盖上盖玻片。

（4）用显微镜低倍镜观察毛发样本。从毛尖、毛干、毛囊观察皮肤是否有真菌、蠕形螨等感染。

4. 胶带检查

胶带检查用于多种皮肤病检查。

（1）准备一段 4～5 cm 的透明胶带。

（2）在载玻片上滴 1～2 滴矿物油。

（3）选取病变区域（如皮屑、秃毛、趾间）。分开被毛，将胶带的黏面贴在被毛与皮肤上，以收集皮屑。

（4）将胶带有黏性的一面直接粘贴在滴有矿物油的载玻片上固定好。

（5）将载玻片放在显微镜下进行观察。

5. 耳拭子检查

可检查宠物外观正常的耳道其内部是否有渗出性病变，用于鉴定外耳道是否存在寄生虫、真菌、细菌感染。

（1）将一次性棉拭子轻轻插入耳道，旋转。

（2）用矿物油将从耳道内取出的黑色蜡样物质进行溶解，用一次性棉签搅拌，在载玻片上抹片。如有需要，可用瑞姬氏染色液进行染色，做好左右耳样本标记。

（3）用显微镜低倍镜观察。

三、注意事项

1. 皮肤刮片检查时，采样原则是从一个角度单向刮拭，采样部位选择被感染皮肤和健康皮肤的交界处。

2. 压片触片检查时，需要挤压采样局部，以增加采样的细胞数量，压片时不能水平移动载玻片，以免造成细胞破碎。

3. 拔毛检查时，注意拔毛时的角度和力度。

4. 胶带检查时，采样前胶带不要触碰到除采样部位以外的区域。

5. 耳拭子检查时，尽量采集耳道内的分泌物，注意不能把耳垢往耳道深处推；使用一次性棉签采样时动作要温和，应避免损伤耳道；注意必须做好左右耳样本标记。

6. 采样严禁被污染，并注意做好自身保护，特别是操作者本身皮肤有损伤的情况下。

四、皮肤病预防措施

1. 定期使用药物驱虫，避免跳蚤、螨虫、蜱虫等寄生于宠物皮肤致病，确保宠物健康生长。

2. 宠物居住环境应有良好的通风和光照，定期对用品进行清洗消毒。

3. 科学喂养，保证食物营养均衡。

4. 宠物洗澡或淋雨后应及时擦干吹干，保持毛发的干燥性，以降低患皮肤病概率。

5. 每日应对宠物进行梳毛，减少毛发掉落，以保持环境卫生。梳毛可起到按摩皮肤的作用，加快皮肤血液循环，提升皮肤的承受力，还能有助于宠物主人及时发现宠物皮肤问题。

6. 使用宠物专用沐浴露。由于宠物的皮肤 pH 和人类不同，长期使用人用沐浴露，会对宠物皮肤 pH 造成影响，破坏天然屏障，最终诱发皮肤病 。

任务导入

金毛犬，4 月龄，雌性，宠物主人带宠物做身体体检。宠物大小便正常，食欲饮欲良好，未接种疫苗。宠物精神状态良好。体温 38.3 ℃，心率 110 次 /min，呼吸 23 次 /min，体格检查未见明显异常。根据初步检查，现宠物医生开具犬冠状病毒（canine coronavirus，CCV）、犬细小病毒（canine parvovirus，CPV）、犬瘟热病毒（canine distempervirus，CDV）检查，待检查结果出来后再做下一步诊疗。

具体见任务 2.11。

任务 2.11 快速测试剂盒检测

任务目标

- 能根据不同疾病检测采集相应的样本。
- 能规范完成快速检测，并判读结果。
- 能向宠物主人宣讲传染病的预防知识。

相关知识

宠物医生助理需在 15 min 内完成 CCV（犬冠状病毒）、CPV（犬细小病毒）、CDV（犬瘟热病毒）检测并把检测结果展示给宠物医生。

病毒快速检测试剂盒基于胶体金免疫层析技术。技术原理是待检样本通过毛细作用向前移动，溶解胶体金标记试剂后相互反应，再移动至固定的抗原或抗体的区域时，待检样本与胶体金标记试剂的结合物又与之发生特异性结合而被截留，聚集在检测带上，并可通过肉眼观察到显色结果。

任务实施

一、操作前准备

1. 材料准备

一次性检查手套、CCV（犬冠状病毒）病毒检测试剂盒、CPV（犬细小病毒）病毒检测试剂盒、CDV（犬瘟热病毒）病毒检测试剂盒（每个试剂盒包含棉签、样品稀释液、一次性滴管、试纸卡）。

2. 人员准备

（1）宠物医生助理戴好一次性检查手套。

（2）向宠物主人了解宠物的性情、身体情况以及病史、用药史。

（3）检查病毒检测试剂盒是否在有效期内或者包装是否完好。

3. 宠物准备

（1）宠物的接近。

（2）保定准备。

4. 环境准备

操作环境清洁、安静，有足够的照明。

二、操作过程

1. 采样部位

（1）CCV（犬冠状病毒）采样部位：直肠取新鲜粪便。

（2）CPV（犬细小病毒）采样部位：直肠取新鲜粪便。

（3）CDV（犬瘟热病毒）采样部位：眼部、鼻部、口腔，采取新鲜的分泌物。

2. 病毒检测操作过程

（1）将宠物安置于安静的房间，保定好宠物。

（2）清洁双手，戴好一次性检查手套，拆开试剂盒包装。

（3）先将棉签浸入稀释液中湿润，取样。

（4）将棉签浸入样品稀释液中，搅拌后静置 1 min。

（5）用一次性滴管取上清液作为检测液。

（6）将试纸卡水平放置，向试纸卡孔缓慢逐滴加入 2～3 滴不含气泡的检测液。

（7）5 min 后判断结果，10 min 后的结果仅作参考。

（8）结果判断。

阴性：只有对照线（C）呈红色时，此情况表示没有感染病毒。

阳性：检测线（T）和对照线（C）均为红色时，此情况表示已经感染病毒。

无效：对照线（C）不呈红色时，表明此次化验失败，建议复检。

三、注意事项

1. 应严格按照操作规程操作。

2. 操作时，应注意不能污染样本、稀释液、试纸卡，以免出现错误结果。

3. 检测样本应用配对的稀释液进行稀释，不能用自来水、蒸馏水等代替。

4. 如滴加检测液后 30 s 内，在测试窗口无液体移行，则再补加 1 滴检测液。

5. 检测样品可能具有潜在感染性，样品和使用过的试剂应作为微生物危险品处理。

6. 本试纸为宠物医生体外快速诊断工具，仅提供定性检测结果，应综合临床症状或其他常规检测方法进行确诊。

任务导入

狸花猫，3 月龄，雄性，被宠物主人于 3 天前在居住小区花园发现。宠物主人想救助领养该猫，故前来宠物医院做宠物身体检查。临床检查其精神状态良好，体格检查未见异常。体温 38.5 ℃，心率 110 次 /min，呼吸 30 次 /min。

应宠物主人要求，根据初步常规检查，现宠物医生开具猫呼吸道病原体核酸五联检测，检查结果出来后再做下一步处理。

具体见任务 2.12。

任务 2.12　核酸检测

任务目标

- 能使用全自动核酸检测系统完成猫呼吸道病原体核酸五联检测操作，并判读结果。

相关知识

本次任务需要宠物医生助理完成猫呼吸道病原体核酸五联检测。检测项目包含猫杯状病毒（feline calicivirus，FCV）、猫疱疹病毒（feline herpesvirus，FHV）、猫支原体（mycoplasma felis，MF）、猫衣原体（chlamydophila felis，CF）、支气管败血波氏杆菌（bordetella bronchiseptica，Bb）。有研究表明，猫上呼吸道病原混合感染率为 1/4～1/3。猫上呼吸道感染虽然症状相似，但治疗方式却不同。所以，筛查病原体必不可少。

聚合酶链反应（polymerase chain reaction，PCR）是 20 世纪 80 年代中期发展起来的体外核酸扩增技术，它具有特异、敏感、产率高、快速、简便、重复性好、易自动化等优点。

任务实施

一、操作前准备

1. 材料准备

一次性检查手套、全自动核酸检测系统、猫呼吸道病原体核酸五联核酸检测试剂盒（以下简称试剂盒，内含磁珠、PCR 试剂、PK 试剂、试剂卡、棉拭子、样本保存液、滴管、警示标志）、生理盐水、1% 次氯酸钠溶液、离心机、医疗垃圾废弃箱。

2. 人员准备

（1）向宠物主人了解宠物的性情、身体情况以及病史、用药史。

（2）检查试剂盒是否在有效期内以及包装是否完好。

3. 宠物准备

（1）宠物的接近。

（2）保定准备。

4. 环境准备

操作环境清洁、安静，有足够的照明。

二、操作过程①

1. 试剂盒检查及准备

（1）仔细核对试剂盒组分与说明书内容是否一致。

（2）清洁双手，戴好一次性检查手套，拆开包装，在撕掉紫色膜之前摇晃磁珠使其混合均匀。

（3）撕开 PCR 试剂、PK 试剂的包装袋。检查 PCR 试剂、PK 试剂是否位于管底，若没有位于管底，轻轻弹动试剂使其与底部贴合。

2. 冻干试剂装卡

（1）将 PCR 试剂、PK 试剂放入试剂卡相应的位置。

（2）用手指抬 PCR 管，PCR 管固定牢靠，表明装管成功。

---

① 以下步骤应根据不同设备使用说明书进行调整。

3. 采样和样本处理

（1）用生理盐水湿润棉拭子棉签头。

（2）取患猫眼睑处分泌物。

（3）将棉拭子置于样本保存液中充分润洗，取患猫鼻分泌物。

（4）充分润洗棉拭子头部后，取出棉签。

（5）另取一支新的棉拭子，于患猫口腔蘸取分泌物，充分润洗棉拭子并掰断棉签，拧紧盖子，上下充分混匀 20 次。

（6）混合后的样本需置于离心机中以 4 000～8 000 r/min 离心 1 min。

4. 加样及上机检测

（1）于离心管中取上清液至滴管颈长。

（2）将上清液逐滴加于试剂卡样本舱的凹槽中。

（3）按照左边样本舱、右边 PCR 管的顺序放入全自动核酸检测系统中。

（4）向右搬动卡扣。

（5）点击绿色按钮入舱，点击“检测”→“下一步”。

（6）新批次试剂盒的第一次检测需刷卡录入信息，刷卡时应保持卡不动，直至“嘀”声结束。

（7）输入宠物基本信息，选择样本类型。点击“下一步”→“开始实验”。

5. 阈值调整及结果判读

（1）实验结束后，由检查者确认阈值是否需要调整。

（2）确认无误后，点击“审核”→“确定”，即可查看扩增曲线及结果报告单（见图 2–12–1）。

6. 试剂卡的处理

（1）点击绿色按钮出舱。

（2）在试剂盒表面贴上黄色警示标志。

（3）向左搬动卡扣，取出试剂卡，浸泡于 1% 次氯酸钠溶液中 2 h 以上后，置于医疗垃圾废弃箱内，避免产生污染。

三、注意事项

1. 应严格按照操作规程进行操作。

2. 若患猫眼部有脓性分泌物，以取脓性分泌物为佳，次而可选择眼角处、下眼睑结膜处进行取样。

3. 于患猫口腔蘸取分泌物前，应禁饲 1 h，以避免取到食物残渣。

4. 使用完的试剂盒，应按照医疗废弃物处理。

核酸检测报告单

宠物昵称：××　　动物种类：猫

性　别：雄性　　年　龄：3月　　病 历 号：CA4372

样本编号：2310220001　　样本类型：眼口鼻拭子　　检测时间：2023/10/22 18:08:59

检测项目：猫呼吸道病原体核酸 5 联检测

检测结果

项目	全称	Ct 值	Ct 值参考范围	结果
FHV-1	猫疱疹病毒 1 型	NoCt	>36 或者 NoCt	阴性 (-)
FCV	猫杯状病毒	NoCt	>36 或者 NoCt	阴性 (-)
支原体	猫支原体	NoCt	>36 或者 NoCt	阴性 (-)
Bb	支气管败血波氏杆菌	NoCt	>36 或者 NoCt	阴性 (-)
衣原体	猫衣原体	NoCt	>36 或者 NoCt	阴性 (-)

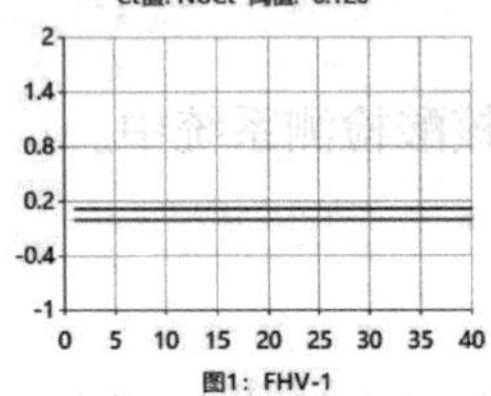

图1：FHV-1

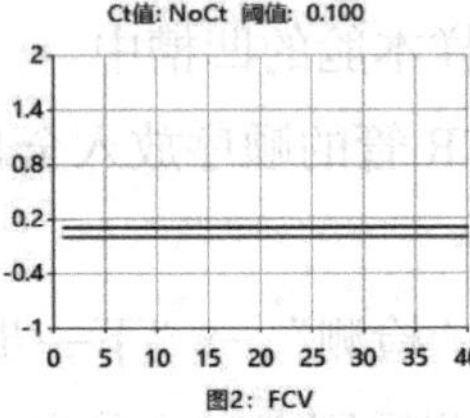

图2：FCV

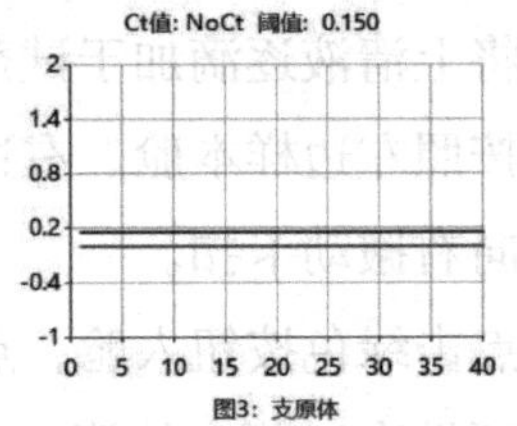

图3：支原体

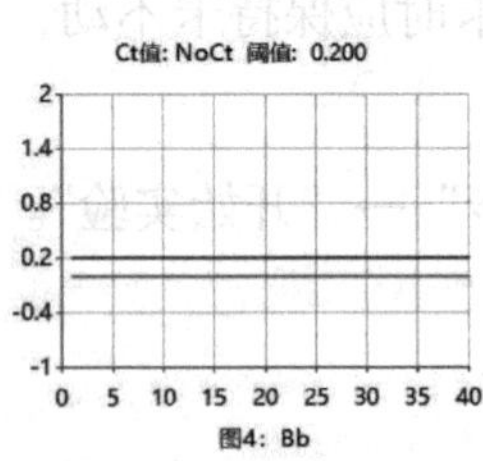

图4：Bb

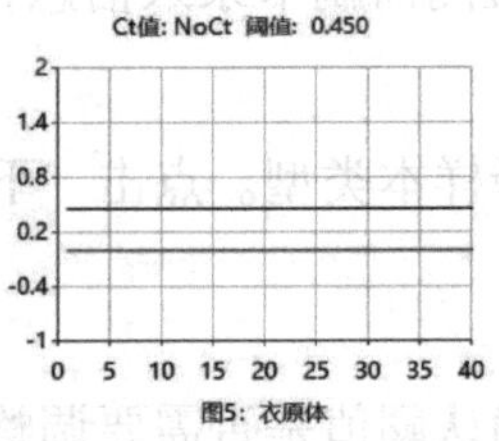

图5：衣原体

结果说明：

Ct<16：病原体含量极高　16<Ct<26：病原体含量较高　26<Ct<36：病原体含量较低（可检测到病原体）

Ct >36：无病原体或病原体含量极低（低于检测下限）　NoCt：无病原体

注：病原体含量低于检测下限，可能是由于该病原体不在排毒期，需结合临床症状或其他检测指标综合判读。

判读标准

待检样本的 Ct 值在参考范围外，且有典型的 S 形扩增曲线时，检测结果为阳性；

待检样本的 Ct 值在参考范围内，或者 Ct 值在参考范围外但无典型的 S 形扩增曲线时，皆说明超出本试剂盒检测灵敏度范围，检测结果为阴性。

检验医师：　　主治医师：×××　　报告日期：2023/10/22

本检测结果仅对该样本负责，仅作为临床医生诊断参考。

图 2-12-1　猫呼吸道病原体核酸五联核酸检测报告单

任务导入

家养短毛猫，3岁，雄性未去势（绝育），体重5 kg。正常免疫，未驱虫。于就诊当日早间发现近24 h尿闭，未见呕吐。宠物严格室内饲养，未有环境等周围事物改变，饮食欲暂未受影响。首诊当日导尿1次，之后按照自发性膀胱炎进行治疗，未见好转，因排尿不畅再次就诊，门诊转住院治疗。入院后按照下泌尿道感染使用抗生素，导尿1次，后留置导尿管3日，拔出导尿管后进行尿液培养。

具体见任务2.13至任务2.15。

任务2.13　细菌分离、培养

任务目标

- 能进行操作细菌分离、培养的三区平板划线。
- 能认识细菌的菌落形态及其在各种培养基的培养性状。
- 能进行细菌的分离、培养中的无菌操作技能。
- 能正确使用超净工作台、恒温培养箱等设备。

相关知识

细菌培养是将细菌接种到培养基内，并在适当环境内，使细菌生长和繁殖。分离培养是指从标本中培养出细菌或从混有多种细菌的标本中将各个菌种分别同时培养出来。

细菌病的临床病料或培养物中常有多种细菌混杂，其中有致病菌，也有非致病菌，从采集的病料中分离出目的病原菌是细菌病诊断的重要依据，也是对病原菌进一步鉴定的前提。将分离出的病原菌进一步纯化，可为后续生化试验鉴定和血清学试验鉴定提供纯的细菌。此外，细菌分离、培养技术也可用于细菌的药物敏感性试验，细菌的计数、扩增和动力观察等。

根据任务描述，需要完成患猫尿液细菌的分离培养，在操作过程中，需要严格执行无菌操作。

任务实施

一、操作前准备

1. 材料准备

一次性检查手套、2 mL 一次性注射器、2 mL 灭菌离心管、样品（尿液）、接种环、基础培养基平皿、酒精灯、酒精棉球、打火机、记号笔、镊子、烧杯、生化培养箱、超净工作台。

2. 设备材料准备

（1）检查仪器是否能正常运转。

（2）检查操作所需的材料是否已备好。

3. 宠物准备

正确保定患猫，采样处剃毛消毒，用一次性注射器抽取 1 mL 尿液，放在灭菌离心管中备用。

4. 环境准备

操作环境清洁、安静，有足够的照明。

二、平板划线法操作步骤

1. 操作前准备。将接种环 1 支、酒精灯 1 个、打火机 1 个、基础培养基平皿 2 块、酒精棉球若干、镊子 1 个、烧杯 1 个置于超净工作台，然后打开工作台的紫外线灯，灭菌 30 min。然后取待检样品放入超净工作台中，操作者直立坐于操作台前，打开照明灯，调节适当风速，打开操作台玻璃，高度可供双手顺利出入即可。

2. 擦拭。戴上一次性检查手套用镊子取酒精棉球擦拭双手，并将台面擦出与肩同宽的正方形区域，此区域即为操作区域。将用完的棉球放入烧杯中。

3. 物品摆放。将酒精灯放于擦拭区域的中心，将接种环放于酒精灯的右侧，将样品放于酒精灯的左侧，除去基础培养基平皿的包装，将包装置于操作区外，并将基础培养基平皿置于酒精灯左侧。

4. 点燃酒精灯。打开酒精灯灯盖，将盖扣于离开操作区的台面上，用打火机点燃酒精灯，酒精灯周围 3～5 cm 为无菌区。

5. 右手持接种环，使用前需使用酒精灯火焰灭菌，灭菌时先将接种环直立灭菌，待烧红后，再横向持棒烧金属柄部，一般通过火焰 3～4 次。

6. 待冷却后，用一次性接种环无菌取样品（尿液）。接种培养基平皿时以左手持皿，无名指和小指托底，拇指、食指和中指将皿盖揭开呈 20° 左右的角度（控制平皿打开角度，以防空气中的细菌进入平皿将培养基污染）。

7. 右手持一次性接种环，将样本涂在培养基边缘，将一次性接种环上多余的样本在火焰上烧掉，待一次性接种环冷却后再与所涂样品轻轻接触开始划线，面积约占整个平板的 1/5～1/6，此为第一区。划线时使接种环与平板呈 30° ～ 40° 角，轻触平板，用腕力将一次性接种环在平板表面以轻快的滑移动作来回划线，划线间距适当，不能重叠，一次性接种环也不能嵌入培养基内划破琼脂表面，并注意无菌操作，避免空气中的细菌污染。

8. 一次性接种环上多余的细菌可烧灼，待冷后，将平板旋转 60° 角，用一次性接种环按"之"字形划线，第一条线与第一区的右侧末端交叉，之后连续划线不再与第一区接触，此为第二区；再将平板旋转 60° 角，进行第三区划线，规则与第二区划线相同。各区首尾相接，菌量逐步减少，达到形成单个菌落的目的。

9. 接种完毕后，盖皿盖，将一次性接种环火焰灭菌后放回，用记号笔在皿底玻璃上注明接种病料、接种者姓名、日期等，将培养皿倒置（皿底面朝上，以避免培养过程中凝结水珠自皿盖滴下），放进生化培养箱，置 37 ℃培养 18～24 h。

10. 培养完成后观察三区划线结果，一般三区划线就能分离出单菌落。第一区和第二区前部的细菌生长成"直线"，第二区后部的细菌生长呈"虚线"，第三区呈"虚线"和离散的"小点"（即单菌落）。

三、注意事项

1. 细菌的分离培养必须严格遵循无菌操作，如超净工作台灭菌准备、手部消毒等。

2. 在对一次性接种环火焰灭菌后，在挑取培养物之前应间隔约 30 s（或在培养基上无菌落处试探琼脂无溶解后），待一次性接种环冷却，否则会将所挑取的菌落烫死而导致细菌接种失败。

3. 划线接种时应将接种环的环部稍弯曲，用力适度，避免划破培养基表面，同一区划线不重叠；分区接种时，每区开始的第一条线应通过上一区的划线。

4. 根据不同菌种的特性，确定培养、观察的时间。

任务 2.14 细菌标本片的制备、染色与镜检

任务目标

- 能叙述细菌的基础染色方法和原理。
- 能进行细菌抹片的制备及碱性美蓝染色法、革兰氏染色法的操作。
- 能在显微镜下观察细菌的形态、大小、颜色等特征。

相关知识

根据任务要求，已完成细菌的分离培养，现需要完成细菌标本片的制备、染色与镜检。

微生物的染色方法有很多，各种方法应用的染料也不尽相同，但是一般染色都要通过制片及一套染色操作程序。染色的基本程序为：制片→干燥→固定→染色→脱色→复染→水洗→干燥→镜检。

该任务主要介绍碱性美蓝染色法和革兰氏染色法。

任务实施

一、操作前准备

1. 材料准备

工作服、一次性检查手套、细菌培养物、美蓝染色液、革兰氏染色液、染色缸、接种环、载玻片、酒精灯、显微镜、香柏油、蒸馏水。

2. 人员设备准备

（1）检查仪器是否能正常运转。

（2）检查操作所需的材料是否已备好。

（3）穿戴好工作服、一次性检查手套。

3. 环境准备

操作环境清洁、安静，有足够的照明。

二、操作过程

1. 标本片制备

（1）制片。在干净的载玻片上滴加 1 滴蒸馏水，用接种环挑取少许细菌培养物，置于载玻片的水滴中，与水混合做成悬液，并涂成直径约为 1 cm 的薄层，整个制片过程要求在无菌环境下进行。

（2）自然干燥。做好的涂片需在室温下自然干燥。

（3）固定。固定的目的在于保持细菌原有形态或结构，杀死细菌，并使染料易于着色，另外使细菌附着于载玻片上不易被水冲掉。多采用加热法固定，使涂片膜向上，以中等速度通过酒精灯火焰数次，时间 2～3 s，并不时以载玻片背面触及手背皮肤，以不觉烫手为宜，放置冷却后，进行染色。

2. 碱性美蓝染色法

（1）取已固定的细菌涂片，滴加染色液覆盖菌膜，染色 2～3 min，置于蒸馏水下轻柔冲洗，干燥后即可进行显微镜油镜观察。

（2）染色结果：菌体呈蓝色。

3. 革兰氏染色法

采用贝索（Baso）革兰氏染色液。

（1）初染。滴加草酸结晶紫染色液覆盖菌膜 1 min，水洗，甩干。

（2）媒染。滴加碘溶液染色 1 min，水洗，甩干。

（3）脱色。滴加脱色液脱色 10～30 s，水洗，甩干。

（4）复染。滴加沙黄溶液复染 1 min，水洗，甩干，镜检。

4. 镜检观察

（1）使用显微镜油镜观察，在油镜正下方的载玻片上滴 1 滴香柏油，缓慢调整粗螺旋紧贴载玻片，再调整细螺旋，直至视野清晰，观察判读。

（2）细菌形态分为：球状、杆状、螺旋状；

大小：球菌直径 0.5～1 μm，螺旋菌长 5～50 μm，宽 0.5～5 μm；

颜色：革兰氏阳性菌呈蓝紫色，革兰氏阴性菌呈红色。

三、注意事项

1. 冬季室温过低时，可适当延长染色时间。
2. 涂片过厚、染色时间不足、草酸结晶紫染色时间过长则有可能导致假阳性的结果。
3. 细菌涂片热固定过度、细菌培养时间太长、脱色过度等均有可能导致假阴性的结果。
4. 用后应按宠物医院或环保部门要求，按照医疗废弃物处理。

任务 2.15 抗菌药物敏感性试验

任务目标

- 能进行抗菌药物敏感性试验——纸片法的操作。
- 会进行抗菌药物敏感性试验抑菌圈的测定和药物敏感性结果的判定。
- 通过抗菌药物敏感性试验结果，能进行敏感性药物选定，应用于临床实践。

相关知识

根据任务要求，已完成细菌的分离、培养和细菌标本片的制备、染色与镜检，现需要完成细菌的药物敏感性试验，本次任务采用纸片法进行试验。

抗菌药物敏感性试验（antimicrobial susceptibility test，AST），简称药敏试验，是指对敏感性不能预测的分离菌株进行试验，测试抗菌药在体外对病原微生物有无抑制作用，以指导选择最有效的治疗药物和了解区域内常见病原菌耐药性变迁，对控制细菌性疾病非常重要。

实验原理：药敏试验是将含有定量抗菌药物的纸片贴在已接种测试菌的基础平板培养基上，纸片中所含的药物吸收琼脂中水分溶解后，不断向纸片周围扩散，形成递减的梯度浓度，在纸片周围抑菌浓度范围内测试菌的生长被抑制，从而形成无菌生长的透明圈，即为抑菌圈。抑菌圈的大小反映测试菌对测定药物的敏感程度，并与该药对测试菌的最低抑菌浓度（minimum inhibitory concentration，MIC）呈负相关关系。

任务实施

一、操作前准备

1. 材料准备

一次性检查手套、细菌培养物、药敏试纸、基础培养基平皿、无菌镊子、酒精灯、无菌棉拭子、酒精棉球、记号笔、游标卡尺、生化培养箱、打火机、超净工作台等。

2. 设备准备

（1）检查仪器是否能正常运转。

（2）检查操作所需的材料是否已备好。

3. 超净工作台的准备

将细菌培养物、药敏试纸、基础培养基平皿、灭菌眼科镊子、酒精灯、无菌棉拭子、打火机、酒精棉球、记号笔置于超净工作台上，然后打开工作台的紫外线灯，灭菌30 min，待用。

二、操作步骤

1. 纸片扩散法

（1）超净工作台工作环境，操作者双手消毒，戴上一次性检查手套后，再进行一次双手消毒。

（2）用打火机点燃酒精灯，用无菌棉拭子蘸取细菌培养物菌液，并经管壁旋转挤压去除过多的菌液，均匀涂抹于基础培养基平皿表面（培养基厚度约为 4 mm），反复几次，每次将平板旋转 60°，然后沿基础培养平皿内缘涂抹一周，保证涂均匀。

（3）置室温干燥 3～5 min，待基础培养基表面上的水分被琼脂完全吸收后再贴药敏试纸。用无菌镊子将药敏试纸贴于基础培养基面上。9 cm 的平皿可贴 5 片，各纸片中心相距应大于 24 mm，纸片距平板内缘应大于 15 mm。用镊子尖稍微压一下，以防脱落。

（4）将基础培养基倒置放置于 37 ℃生化培养箱中，37 ℃培养 18～24 h。

（5）用游标卡尺量取抑菌圈直径并记录。

2. 结果判读和报告

（1）用精确度为 1 mm 的游标卡尺量取抑菌圈直径，判断该菌对各种药物的敏感程度。

（2）参阅表 2–15–1，记录结果。

表 2–15–1 药物敏感性记录

抗菌药物	纸片含药量（μg）	抑菌环直径（mm）			
		耐药	中度敏感	敏感	不敏感
阿米卡星	30	≤ 4	15～16	≥ 17	无抑菌圈
庆大霉素	10	≤ 12	13～14	≥ 15	无抑菌圈
氯霉素	30	≤ 12	12～17	≥ 18	无抑菌圈
红霉素	15	≤ 13	13～15	≥ 16	无抑菌圈
头孢唑林	30	≤ 14	15～17	≥ 18	无抑菌圈
头孢噻吩	30	≤ 14	15～17	≥ 18	无抑菌圈

三、注意事项

1. 培养基的酸碱度与平板厚度、菌液浓度要适宜，否则将对试验结果造成影响。

2. 操作时，可先用记号笔在平皿底部贴药片处标记，药敏试纸需一次放好，不得移动。

项目三 03
治疗技能

▶ 知识要求

- 宠物临床常用的口服给药方法。
- 不同注射方法的操作要点和注意事项。
- 留置针放置的临床适应证和注意事项。
- 鼻饲管放置的临床适应证和注意事项。
- 导尿管放置的临床适应证和注意事项。

▶ 技能要求

- 能熟练使用喂药工具进行片剂、胶囊、液体制剂的口服给药。
- 能熟练使用肠导管进行直肠给药。
- 能熟练选择合适部位完成宠物皮下注射、肌内注射和静脉注射。
- 能熟练进行留置针的放置操作。
- 能熟练进行鼻饲管的放置操作。
- 能熟练进行导尿管的放置操作。

▶ 项目描述分析

本项目共有6个任务，通过学习宠物临床治疗技能，使学生学会宠物的口服给药、直肠给药、注射给药、留置针放置、鼻饲管放置、导尿管放置。

教师通过分组教学，学生根据任务要求，分工协作完成任务。学生通过角色扮演、模拟宠物医院真实病例治疗操作，熟悉宠物医院中宠物医生助理的工作环境，同时培养学生的职业素养。学生借助网络、教材、补充学材、工作页等，观察真人演示操作示范，观看教学视频，进行自主探索和团队互相协作，培养自主学习能力。

任务导入

患犬确诊是犬瘟（CDV）和细小病毒（CPV）感染。宠物医生开具用药治疗方案，用药方式为口服给药、直肠给药、注射给药。现需要宠物医生助理按照处方单完成治疗工作。

具体见任务 3.1 至任务 3.3。

任务 3.1 口服给药

任务目标

- 能说出口服给药的应用范围。
- 能单人操作完成片剂给药。
- 能使用喂药器和注射器，完成胶囊、液体制剂的口服给药。

相关知识

口服给药法是指药物经口服后，被胃肠道吸收并进入血液或全身组织，达到治疗疾病的目的。

根据任务要求，完成宠物犬的口服给药治疗，并向宠物主人宣讲用药的目的和注意事项，以及教会宠物主人在家完成宠物口服给药的治疗。

任务实施

一、口服给药前宠物身体状况评估

评估宠物是否存在口腔、吞咽等不具备口服给药的问题。

二、操作前准备

1. 材料准备

一次性检查手套、注射器、胃导管、相关药物、病历档案、水、开口器、医疗垃圾废弃箱。

2. 人员准备

（1）防护准备。

（2）对药物和宠物信息进行核对。

（3）向宠物主人了解宠物的性情、身体情况以及病史。

3. 环境准备

环境清洁、安静，有足够的照明。

三、操作过程

1. 片剂和胶囊类药物给药

在宠物有食欲的情况下，可以将药剂包在它们喜欢吃的食物内连同食物一起投喂，当这种方法行不通的时候，可以尝试以下方式给药，操作步骤如下。

（1）一名宠物医生助理戴上一次性检查手套，核对宠物病历档案。

（2）另一名宠物医生助理保定好宠物。

（3）一名宠物医生助理用左手打开宠物的口腔后，用右手的食指和拇指取药。

（4）将中指置于其下颌的犬齿之间。

（5）将中指向下压，使其口腔张大。

（6）将控制上颚的拇指放在犬齿后面，并向上推硬腭，将药投入口腔后部。

（7）用食指将药推到宠物口腔深处。

（8）抬起宠物的下颚，合上嘴。

（9）握住其嘴巴，直至咽下药物。

（10）将宠物头部放低至正常的水平位置，将嘴角向外拉，使其在牙齿和面颊之间形成袋状，向内灌少量水，使水顺着牙缝流入口腔，这样宠物会再次吞咽，以确保药物进入其胃内。

2. 液体剂型药物给药

（1）一名宠物医生助理戴上一次性检查手套，核对宠物病历档案。

（2）另一名宠物医生助理保定好宠物。

（3）一名宠物医生助理将宠物鼻子朝上。

（4）参照片剂和胶囊类药物时一样打开其口腔。

（5）利用注射器（去掉针头的注射器）将液体剂型药物喷至口腔后部。

（6）合上宠物嘴巴。

（7）握住宠物嘴巴，直至其咽下药物。

（8）操作完毕，进行医疗垃圾分类处理。

3. 使用胃导管投药给药

（1）一名宠物医生助理戴上一次性检查手套，核对宠物病历档案。

（2）另一名宠物医生助理保定好宠物。

（3）将宠物口腔打开，在口腔内放入开口器，一般情况下宠物会自动咬紧开口器。

（4）将胃导管沿开口器小孔插入口中，经宠物口咽部送入食道内，验证后，再送入一定深度，然后接上注射器，慢慢将药液注入。

（5）判断胃导管插入食管或气管的鉴别要点见表 3–1–1。

表 3–1–1　判断胃导管插入食管或气管的鉴别要点

鉴别要点	插入食管内	误入气管内
胃导管送入时的感觉	插入时稍感有阻力	无阻力
观察咽、食管及宠物的表现	胃导管前端通过咽部时可引起吞咽动作，宠物表现安静	无吞咽动作，可引起强烈咳嗽，躁动不安
触摸颈沟部	可摸到胃导管	无
将胃导管外端放入水中	水内无气泡产生	随呼吸动作出现规律性气泡
将胃导管外端放到耳边听	听到不规则的“咕噜”声，无气流冲击耳边	随呼吸出现有节奏的呼出气流
观察排气与呼气动作	不一致	一致
捏扁洗耳球后再接于胃导管外端	不再鼓起	鼓起
向胃导管内充气	随气流进入，颈沟部可见明显波动	不见波动

四、注意事项

1. 操作前应将宠物保定，操作谨慎细心，切忌粗暴操作，防止将药物灌入气管中，防止被宠物抓伤或咬伤。

2. 对于幼龄犬猫应选择直径为 4 mm 的柔软导管，对于成年犬猫根据体格大小选择直径为 7～12 mm 的导管。为插管顺利，可以在插管的前端涂上凡士林。

3. 一定要确保胃导管顺利放置在胃部而非进入气管。

任务 3.2 直肠给药

任务目标

- 能说出直肠给药的应用范围和注意事项。
- 能正确保定宠物配合完成直肠给药操作。
- 能使用常用的器具，对宠物进行直肠给药。

相关知识

根据任务要求，完成宠物的直肠给药治疗，并向宠物主人宣讲病后护理知识。

直肠给药是指从犬猫的肛门向肠管内投灌药液的方法。该治疗方法适用于犬猫的呕吐、腹泻、腹水、中毒或食入异物等胃肠疾病的治疗。

任务实施

一、直肠给药前宠物身体状况评估

评估宠物是否具备直肠给药的条件。

二、操作前准备

1. 材料准备

一次性检查手套、凡士林软膏、肛门管、温水、相关药物、病历档案、医疗垃圾废弃箱等。

2. 人员准备

（1）防护准备。
（2）对药物和宠物信息进行核对。
（3）向宠物主人了解宠物的性情、身体情况以及病史。

3. 宠物准备

（1）宠物的接近。

（2）保定准备。

4. 环境准备

环境清洁、安静，有足够的照明。

三、操作过程

1. 栓剂给药

（1）一名宠物医生助理戴上检查手套，核对宠物病历档案。

（2）另一名宠物医生助理保定好宠物。

（3）右手食指手套外涂凡士林软膏。

（4）左手执拿宠物的尾根部向上抬举，使肛门显露。

（5）用右手的拇指、食指及中指夹持药栓，按入宠物肛门并用食指向直肠深部推入，暂停片刻，待宠物不再用力时，轻轻滑出食指。

（6）不要再去刺激宠物肛门部。

（7）操作完毕，进行医疗垃圾分类处理。

2. 液体制剂投药

（1）一名宠物医生助理戴上一次性检查手套，核对宠物病历档案。

（2）另一名宠物医生助理保定好宠物。

（3）选择适合的肛门管，在肛门管尖端涂上凡士林软膏。

（4）左手执拿宠物的尾根部向上抬举，使肛门显露。

（5）右手执拿肛门管缓慢插入宠物直肠 5～10 cm，并用左手将肛门管与肛门固定在一起，用右手缓慢投灌药液，为防止药液从肛门溢出，用左手暂时闭塞肛门。

（6）投药完毕，拔除肛门管，并进行医疗垃圾分类处理。

3. 注意事项

（1）药液的温度应与宠物体温一致。

（2）直肠给药适用于投灌无刺激性药液。

（3）如给药量大时，应再向深部插入肛门管，可暂时提起宠物的后肢 5～10 min。

任务3.3 注射给药

任务目标

- 能保定宠物配合完成注射给药操作。
- 能使用常用的器具，对宠物进行注射给药。

相关知识

根据任务要求，完成宠物的皮下注射、肌内注射、静脉注射，并向宠物主人宣讲病后护理知识。

一、皮下注射

皮下注射是将药液注射于皮下结缔组织内，经毛细血管、淋巴管吸收进入血液，发挥药效而达到预防治疗疾病的目的。凡是易溶解、无强刺激性的药品及疫苗、菌苗、血清、抗蠕虫药（如伊维菌素）等，某些局部麻醉剂，不能口服或不宜口服的药物要求在一定时间内发挥药效时，均可做皮下注射。

二、肌内注射

肌内注射是将药物注入肌肉组织内的注射方法。肌肉内血管丰富，药液注入后吸收较快，仅次于静脉注射。又因肌肉中感觉神经较少，疼痛较轻，一般刺激性较强和较难吸收的药液，进行血管内注射有副作用的药液，油剂、乳剂等不能进行血管内注射的药液可采取肌内注射。需要缓慢吸收、持续发挥作用的药液等，均可采用肌内注射。

三、静脉注射

静脉注射是将药液注入静脉内的注射方法，是治疗危重疾病的主要给药方法。静脉注射适用于大量给药的输液、输血；或用于以治疗为目的的急需速效的药物（如急救、强心等）给药；或注射药物有较强的刺激作用，又不能采取皮下注射和肌内注射，只能通过静脉注射才能发挥药效的药物。

任务实施

一、注射给药前宠物身体状况评估

评估宠物是否具备注射给药的条件。

二、操作前准备

1. 材料准备

一次性检查手套、一次性注射器、药液（安瓿瓶装）、酒精棉球、碘酊棉球、干棉球、压脉带、宠物推毛剪、医疗垃圾废弃箱。

2. 人员准备

（1）防护准备。

（2）对药物和宠物信息进行核对。

（3）向宠物主人了解宠物的性情、身体情况以及病史。

3. 宠物准备

（1）宠物的接近。

（2）保定准备。

4. 环境准备

环境清洁、安静，有足够的照明。

三、操作过程

1. 皮下注射

（1）根据注射药液的量，可准备 1 mL、2.5 mL、5 mL 规格的一次性注射器。

（2）戴上一次性检查手套，进行手部消毒，准确抽取相应量的药液，排出一次性注射器内混有的气泡（见图 3–3–1、图 3–3–2）。

（3）宠物医生助理保定好宠物。

（4）选择适当的注射部位（犬、猫在颈侧、背部两侧、股内侧）。

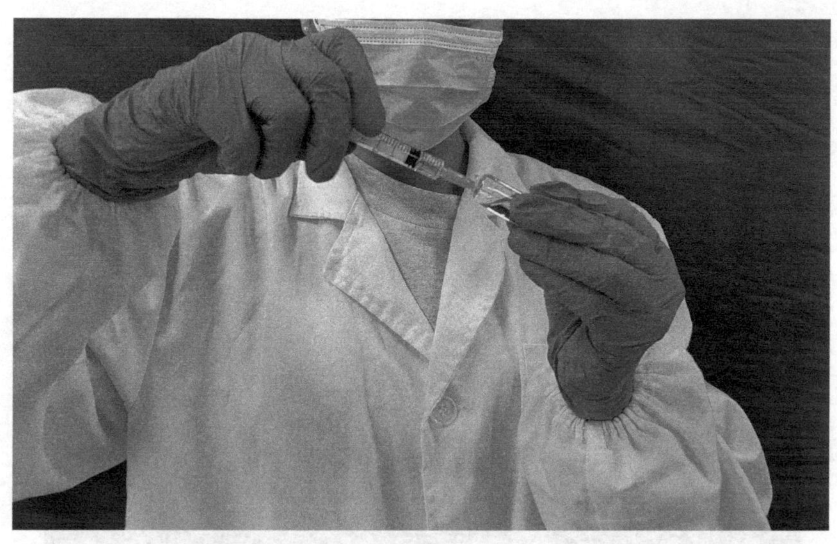

图 3–3–1　抽取药液

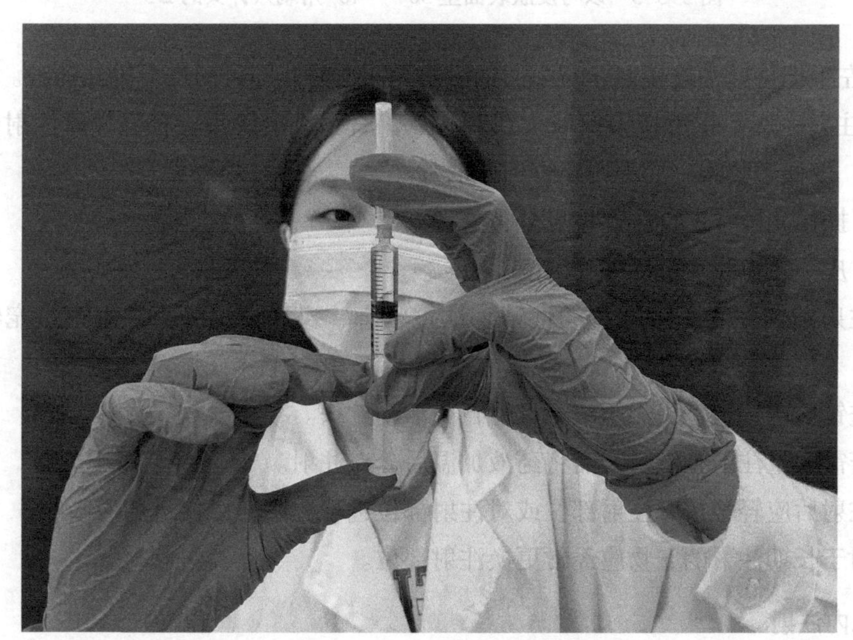

图 3–3–2　排空注射器内气泡

（5）再次进行手部消毒。

（6）宠物注射部位消毒。用碘酊棉球消毒注射部位，以注射点为中心向外螺旋式旋转涂擦。碘酊干后，用酒精棉球以同样的方法脱碘，待干后方可进行注射。

（7）左手中指和拇指捏起注射部位的皮肤，同时用食指尖下压使其呈皱褶陷窝，右手持注射器，针头斜面向下，与皮肤表面呈 30° ～ 40° 角刺入针头的 2/3（图 3–3–3）。

图 3-3-3　以与皮肤表面呈 30° ～ 40° 角刺入针头的 2/3

（8）左手把持针头连接部，右手回抽活塞无回血时，即可向皮下推注药液。

（9）注射完毕，左手持干棉球按住刺入点，右手拔出针头，轻轻按摩注射部位，使药液分散，以便于吸收。局部用碘酊棉球消毒。

（10）操作完毕，进行医疗垃圾分类处理。

（11）皮下注射注意事项如下。

1）注射前向主人了解宠物的性情、饮食状态、疾病情况等，并观察该宠物的体质情况。

2）进针后应感觉针头无阻抗，且能自由活动针头。

3）若需大量注射补液时，需将药液加温后分点注射。

4）注射后应轻轻按摩注射部位或对注射部位进行温敷，以促进药液吸收。

5）对于长期注射的宠物应经常更换注射部位。

2. 肌内注射

（1）根据注射药液的量，可准备 1 mL、2.5 mL、5 mL 规格的一次性注射器。

（2）戴上一次性检查手套，对手部进行消毒，准确抽取相应量的药液，排出一次性注射器内混有的气泡。

（3）宠物医生助理保定好宠物。

（4）选择适当的注射部位（股部、腰部、臀背部、颈侧和大腿内侧肌肉比较丰满的部位），被毛厚的宠物可先剃毛，并除去体表污物。

（5）再次对手部进行消毒。

（6）宠物注射部位消毒。用碘酊棉球消毒注射部位，以注射点为中心向外螺旋式旋转涂擦。碘酊干后，用酒精棉球以同样的方法脱碘，待干后方可进行注射。

（7）左手的拇指与食指轻压注射部位，右手持注射器垂直刺入肌肉内，一般刺入深度为 1～2 cm（见图 3–3–4）。

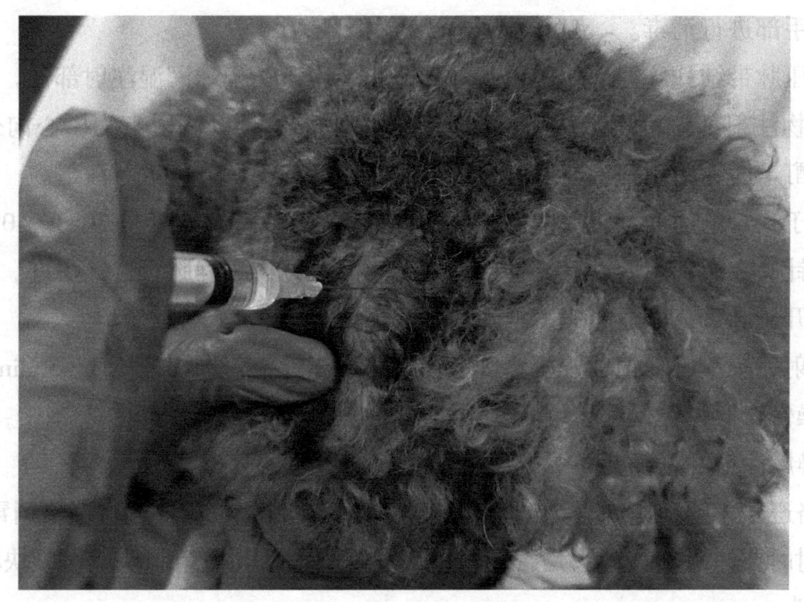

图 3–3–4　注射器垂直刺入肌肉内

（8）用左手拇指与食指握住露出皮外的针头结合部分，以食指指节顶在皮上，回抽注射器，观察无回血后，即可注入药液。

（9）注射完毕，用左手持干棉球压迫针孔部，迅速拔出针头，局部用碘酊棉球消毒。

（10）操作完毕，进行医疗垃圾分类处理。

（11）肌内注射注意事项如下。

1）强刺激性药物，如水合氯醛、钙制剂、浓盐水等，不能进行肌内注射。

2）长期进行肌内注射的动物，应交替更换注射部位，以减少硬结的发生。

3）注射针头如接触神经时，宠物会感觉疼痛不安，此时应变换针头方向，再进行注射。

4）根据药液的量、黏稠度和刺激性的强弱，选择适当的注射器和针头。

5）两种以上药液同时进行注射时，要注意药物的配伍禁忌，必要时可在不同部位注射。

6）避免在疤痕、硬结、发炎、皮肤病及有针眼的部位进行注射。淤血及血肿部位不宜进行注射。

7）如果回抽针管有回血，可将针头拔出少许再行试抽，无回血后，方可注入药液。

3. 静脉注射

（1）戴上一次性检查手套，对手部进行消毒，准确抽取相应量的药液。

（2）选择适当的注射部位（前肢臂头静脉、后肢隐静脉）。

（3）对宠物注射部位用宠物推毛剪进行剃毛。

（4）对手部进行消毒。

（5）用压脉带结扎注射部位，使其静脉怒张，用酒精棉球润湿注射部位，暴露血管。

（6）宠物注射部位消毒。用碘酊棉球消毒注射部位，以注射点为中心向外螺旋式旋转涂擦。碘酊干后，用酒精棉球以同样的方法脱碘，待干后方可进行注射。

（7）位于宠物的前面，将一次性注射器针头由近腕关节 1/3 处呈 30° ～ 40° 角刺入静脉，当确定针头在血管内后，针头连接管处见到回血，再顺静脉管进针少许。

（8）松开压脉带，以适当速度推注药物。

（9）注射完毕，以干棉球按压穿刺点，迅速拔出针头，局部按压 3～5 min 至不出血。

（10）操作完毕，进行医疗垃圾分类处理。

（11）静脉注射注意事项如下。

1）严格遵守无菌操作规程，对所有注射用具及注射部位均要进行严格消毒。

2）注射时要注意检查针头是否畅通，当反复刺入针孔被组织块或血凝块堵塞时，应及时更换针头。

3）注射对组织有强烈刺激的药物时，应先注射少量的生理盐水，以确保针头在血管内，再调换应注射的药液，以防药液外溢而导致组织坏死。

4）刺针前应排净一次性注射器或输液乳胶管中的空气。

5）静脉注射时，宜从末端血管开始，以防再次注射时发生困难。

6）要注意检查药液的质量，防止杂质、沉淀。混合注入多种药液时，应注意配伍禁忌，油类制剂不能做静脉注射。

7）如注射速度过快，药液温度过低，可能产生副作用，同时有些药物可能发生过敏现象。对极其衰弱或有心功能障碍的患病宠物进行静脉注射时，尤应注意输液反应。对心肺功能不全的宠物，应防止肺水肿的发生。

任务 3.4　留置针放置

任务目标

- 能描述留置针的结构。
- 能根据宠物体况选择适合的留置针。
- 能选择宠物合适的血管，以便完成留置针的放置。
- 能无菌操作完成留置针的放置。
- 能完成留置针的护理，包括封针和拆针。

相关知识

根据任务要求，完成宠物的留置针放置操作。本任务采用最常用的前肢臂头静脉，并以此为例阐述留置针放置操作。

一、留置针

留置针又称静脉套管针。现已经逐渐替代头皮针应用于临床。留置针的优点包括：减少宠物血管的穿刺次数，消除宠物输液中保定的痛苦，为抢救和治疗赢得时间，提高宠物医院工作效率等。

二、留置针的种类

留置针主要分为密闭式留置针和开放式留置针两种类型。

密闭式留置针包括 1 个输液通路的直形留置针、2 个输液通路的 Y 形留置针和新型留置针。其中新型留置针包括安全型留置针、防逆流留置针和正压无针连接式留置针。

开放式留置针包括带翼笔杆式留置针、不带翼笔杆式留置针和加药壶型留置针。

三、留置针的结构

留置针包括不锈钢针芯、软导管、针管护套、塑料针座和其他配件。以 Y 形留置针为例，还包括以下配件：白色隔离塞、透明三通、止流夹、延长管、彩色三通、白色保护帽和肝素帽。

四、留置针的选择

留置针根据宠物的年龄、种类、体型、静脉条件、皮肤情况和治疗方案等情况进行综合选择。在满足输液需要的同时，应尽量选择较细、较短的导管。

任务实施

一、操作前准备

1. 材料准备

留置针、一次性检查手套、宠物推毛剪、压脉带、酒精棉球、压敏胶带、弹性绷带、无菌输液贴、利器盒、生理盐水、托盘、一次性注射器、记号笔、伊丽莎白颈圈、止血钳、护理表、肝素、医疗垃圾袋。

2. 人员准备

操作者戴好一次性检查手套，做好手部消毒。

3. 宠物准备

（1）为宠物佩戴伊丽莎白颈圈，以保护人员安全。

（2）安抚宠物，使其放松。

（3）轻柔保定，保证操作顺利进行即可。

（4）如有必要，可选择化学保定。

二、操作过程

1. 确认血管

（1）血管的选择

1）前肢可选择臂头静脉（最常用）、副头静脉。

2）后肢可选择外侧隐静脉、内侧隐中静脉、趾背侧总静脉。

3）选择的血管应避开静脉瓣、关节部位，以及有疤痕、炎症、增生等处的静脉。

（2）确认血管位置。按压确认血管位置及充盈程度（见图 3–4–1）。

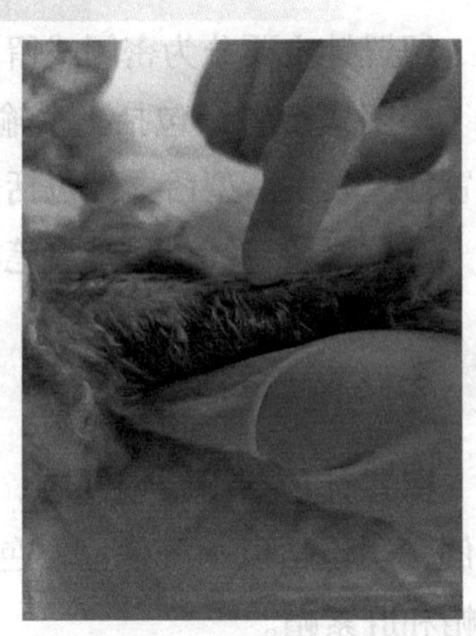

图 3–4–1　犬的前肢臂头静脉

2. 剃毛

用宠物推毛剪剃除穿刺部位直径大于或等于 5 cm 的毛发或长度为 5 cm 的整圈毛发，清理毛发。

3. 充盈血管

在穿刺点上方绑扎压脉带，使用自体打结或使用止血钳固定。

4. 消毒

使用酒精棉球以穿刺点为中心擦拭皮肤，待其自然干燥。

5. 穿刺

以带翼笔杆式留置针为例，其穿刺流程如下，其他类型留置针可参考。

（1）去除针套。

（2）一手固定血管，另一手持针柄，钢针斜面向上，以与皮肤呈 30° ～ 40° 角刺入皮肤，再以与皮肤呈 15° ～ 30° 角刺入血管。穿刺针角度与血管充盈度、皮肤韧度、皮肤脂肪厚度相关：血管不充盈、皮肤较薄时，可减小穿刺角度；皮肤较韧、脂肪较厚时，可增大穿刺角度（见图 3–4–2）。

（3）回血后以与皮肤呈 5° ～ 10° 角沿血管向前推进 0.5 cm 左右，保证钢针和软管均在血管内。针芯斜面未全部进入血管，或针芯刺破血管进入深部组织，会导致穿刺失败（见图 3–4–3）。

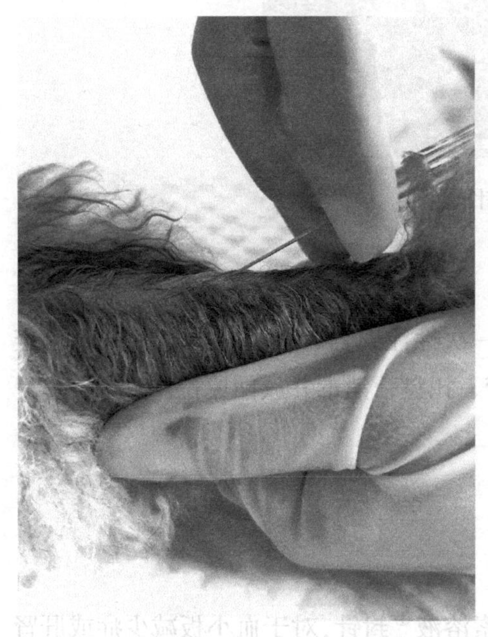

图 3–4–2　以与皮肤呈 15° ～ 30° 角刺入皮肤

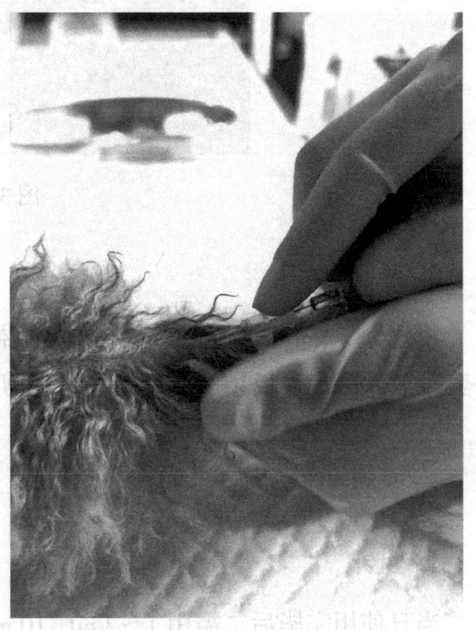

图 3–4–3　回血后以与皮肤呈 5° ～ 10° 角沿血管向前推进

（4）固定针柄，推动软管沿血管往前到底。

（5）松开压脉带，拔出针芯，待血液充满至留置针口时，迅速拧上肝素帽。

6. 固定胶带

（1）使用压敏胶带固定穿刺部位的针翼及皮肤，胶带平行缠绕，每次压住上一圈的1/2～2/3。

（2）使用弹性绷带缠绕压敏胶带所固定部位，用笔号笔注明留置日期或在护理表上记录留置位置及日期。

7. 通针

用一次性注射器抽取 1～2 mL 生理盐水，将针尖刺入肝素帽内，回抽一次性注射器，肝素帽透明处可见回血，内推液体至导管内无血。由于宠物状态和血管状态不同，回抽注射器也有可能不见回血，若推液体顺畅且留置针上方皮肤隆起，即可确认放置正确（见图 3–4–4）。

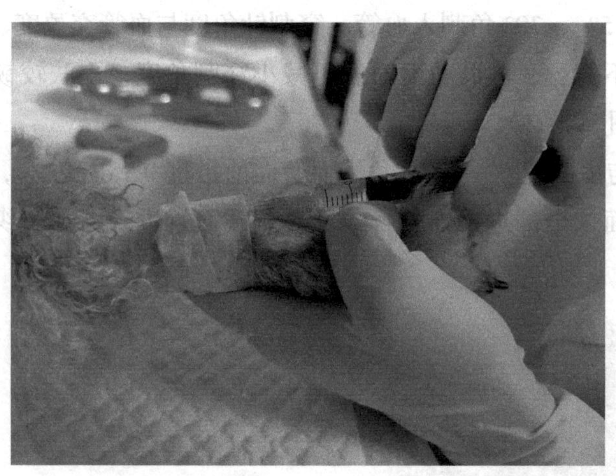

图 3–4–4　通针

8. 清理

将钢针、一次性注射器针头放入利器盒。将一次性注射器针筒、棉球、一次性检查手套等放入医疗垃圾袋。清理宠物推毛剪、压脉带、托盘，消毒并放回原位。

三、留置针的护理

1. 封针

当日使用完毕后，需用 1～2 mL　10 mg/mL 肝素溶液[①] 封针，对于血小板减少症或肝肾

① 肝素溶液配制方法：10 mg/mL 浓度配制，1 mL 肝素 + 4 mL 生理盐水。

功能不全的宠物可使用 5～10 mL 生理盐水封针。应使用脉冲式冲管法，使封管液在管道内形成小漩涡，这样有利于把导管内的残留药物冲洗干净，以减少化学性静脉炎的发生。

2. 拆针

撕下胶带和无菌输液贴，常规消毒皮肤和穿刺点。将无菌输液贴贴在穿刺点上，轻压拔出留置针，重压针孔 3～5 min 进行止血。佩戴伊丽莎白颈圈以防止宠物舔咬穿刺部位，引起感染。

四、注意事项

1. 确定穿刺位置时针尖应与近心端关节保持距离，防止宠物姿势改变时压迫血管造成堵塞。

2. 针柄应与远心端关节保持距离，防止留置针放置后影响宠物站立或行走。

3. 入针位置应在确认的范围内由下至上进行选择。

任务 3.5 鼻饲管放置

任务目标

- 能阐述鼻饲管放置对于宠物护理的重要性。
- 能根据宠物身体状况选择合适的鼻饲管。
- 能完成鼻饲管放置。
- 能完成鼻饲管的护理。

相关知识

根据任务要求，完成宠物的鼻饲管放置操作。

宠物医生临床常采用饲喂管的方式对不愿自主进食的犬猫提供营养。鼻饲管放置作为常见的饲喂管放置方式之一，其经由鼻腔进入，仅能灌食流质的食物，以便宠物可以轻松获取足够的营养，而不像传统灌食，耗时、费力，增加宠物的紧迫感，从而加重病情。

任务实施

一、操作前准备

1. 物品准备

鼻饲管、利多卡因、润滑凝胶、镇静药物、持针器、齿镊、手术剪、不可吸收缝线、胶带、伊丽莎白颈圈、注射器、X 线机、温水、特定食物。

鼻饲管应根据宠物体型或鼻孔大小进行选择：5～8 Fr（1 Fr 直径约为 0.33 mm）可用于大多数猫及小型犬；短头品种的猫宜选择小于 5 Fr 的鼻饲管；大于 15 kg 的犬可选择 8 Fr 及以上的鼻饲管。

2. 人员准备

至少两人完成操作，一人负责鼻饲管放置，另一人负责保定，避免在操作过程中造成人员或宠物受伤。

3. 宠物准备

（1）宠物身体状况及习性。操作者应提前熟悉宠物身体状况及习性，若宠物应激可给予镇静药物，选择坐姿或趴卧保定，头颈保持自然伸直。

（2）测量饲管预留长度。鼻饲管在宠物体内长度约为从鼻孔到第 7～8 肋间的距离，在鼻饲管上相应位置做出标记。

二、操作过程

1. 保定宠物

在宠物鼻孔内滴加 1～2 滴利多卡因，使其短暂仰头，以便局部麻醉剂顺鼻孔流入鼻腔，药物起效时间为 1～2 min。

2. 插入鼻饲管

鼻饲管头端涂抹少量润滑凝胶，从宠物一侧鼻孔插入。猫可朝腹侧正中方向递送，瞄准另一侧的耳基部，使鼻饲管穿过鼻腔的腹侧道；为犬放置鼻饲管时，在进入鼻孔后应先朝向背侧递送，越过鼻腔通道末端腹侧嵴后进入鼻前庭。鼻饲管进入后继续向宠物尾腹侧递送，应将有刻度的一侧保持朝向宠物腹侧。

3. 确认放置位置

鼻饲管递送至标记位置后，用注射器回抽，若为负压则提示饲管在食道内。用胶带将鼻饲管留在外的部分暂时固定在鼻梁及头顶部位，X 线机拍摄胸部侧位 X 光片，饲管应在食道内，末端位于第 7～8 肋间。

4. 第一处缝合固定

在患病宠物留置饲管鼻孔附近，用持针器、齿镊和不可吸收缝线做第一处缝合固定。鼻饲管第一结应为外科结，剩余可用方结固定。用手术剪缝线不剪断，继续向鼻饲管尾侧以指套缝合进行固定。应避免缝线过紧使鼻饲管变形。

5. 第二处缝合固定

第二处缝合固定在留置鼻饲管鼻孔侧鼻梁与内眦之间。固定方法与第一处缝合固定方法一致。

6. 第三处缝合固定

第三处缝合固定可选在患病宠物上眼眶与头顶间。固定方法与上述方法一致。

7. 佩戴伊丽莎白颈圈

为宠物佩戴伊丽莎白颈圈，防止宠物抓挠。

8. 鼻饲管的护理

（1）每次使用鼻饲管前，推入 1～2 mL 温水，以确认鼻饲管通畅。

（2）使用注射器缓慢推入特定食物。

（3）食物推注完成后，抽取 8～10 mL 温水，将鼻饲管内残余流食推送至食道内。关闭饲管口后盖，管内应存水，防止下次推注流食时残余气体进入消化道。

三、注意事项

1. 饲喂量

应根据宠物的胃容量及当前体况而确定饲喂量。可将一天的饲喂量分 4～6 次给予，并将流食加热至体温，以减少刺激。

2. 留置时间

鼻饲管宜放置 3～5 天。

3. 并发症

留置鼻饲管会造成同侧眼鼻分泌物增加。使用鼻饲管期间若发生咳嗽，可拍摄胸部侧位 X 光片以确认鼻饲管位置。若宠物出现反流或呕吐时将鼻饲管吐出，应及时将鼻饲管由鼻孔拔出，避免其误食。

任务 3.6　导尿管放置

任务目标

- 能阐述导尿管放置对于患病宠物护理的重要性。
- 能根据宠物身体状况选择合适的导尿管。
- 能完成导尿管放置。
- 能展示护理方法。

相关知识

根据尿液检查病例任务要求，完成宠物的导尿管放置操作。

导尿管放置常应用于：尿闭塞的救助、膀胱的清洗、采集膀胱内的尿液以进行化验、直接经膀胱内给药或 X 线造影剂、提供封闭式的连续尿液引流。

任务实施

一、操作前准备

1. 材料准备

镇静剂、抗菌溶液（如 0.1% 苯扎氯铵）、利多卡因、导尿管、无菌润滑剂、生理盐水、注射器、无菌手套、毛巾卷、宠物推毛剪。

2. 人员准备

至少两人完成操作，一人负责操作，另一人负责保定，避免在操作过程中造成人员或宠物受伤。

3. 环境准备

环境清洁、安静，有足够的照明。

二、操作过程

1. 公犬导尿管放置操作

（1）患犬使用镇静剂镇静后侧卧保定。

（2）宠物医生助理（戴无菌手套）一手将公犬阴茎包皮向后退缩，另一手在阴囊前方将阴茎向前推，使龟头露出，并用抗菌溶液冲洗尿道口。

（3）选择合适的导尿管，并在其前端 2～3 cm 涂抹无菌润滑剂。

（4）宠物医生助理一手固定公犬阴茎龟头，另一手持导尿管将其从公犬尿道口慢慢插入尿道内，并徐徐推进。导尿管通过坐骨弓尿道弯曲部时常会发生推进困难，这时可用手指压会阴部皮肤或稍退回导尿管，调整方向后重新插入。

（5）观察尿液从导尿管中流出，可确认导尿管已进入膀胱。

（6）连接导尿管与注射器，排空膀胱并收集尿液进行分析。

2. 母犬导尿管放置操作

（1）患犬镇静后俯卧保定，用毛巾卷垫高臀部区域，用宠物推毛剪剃去外阴区域多余毛发。

（2）选择合适的导尿管，并在其前端 3～5 cm 涂抹无菌润滑剂。

（3）宠物医生助理（戴无菌手套）一手食指伸入母犬阴道，沿尿生殖前庭底壁向前触摸尿道结节（其后方为尿道外口），另一手持导尿管插入母犬阴门内，在食指的引导下，向前下方缓缓插入尿道外口直至进入膀胱内。

（4）观察尿液从导尿管中流出，可确认导尿管已进入膀胱。

（5）连接导尿管与注射器，排空膀胱并收集尿液进行分析。

3. 公猫导尿管放置操作

（1）患猫镇静后仰卧保定，将其尿道外口周围清洗消毒。

（2）选择合适的导尿管，并在其前端 3～5 cm 涂抹无菌润滑剂。

（3）宠物医生助理（戴无菌手套）将公猫阴茎鞘向后推，拉出阴茎，在尿道外口周围喷洒利多卡因。

（4）导尿管经尿道外口插入，渐渐向膀胱内推进。导尿管应与公猫脊柱平行插入，用力要均匀，不可强行通过尿道。如尿道内有尿石阻塞，可先向尿道内注射 3～5 mL 生理盐水冲洗尿道内凝结物，确保导尿管顺利通过。

（5）观察尿液从导尿管中流出，可确认导尿管已进入膀胱。

（6）连接导尿管与注射器，排空膀胱并收集尿液进行分析。

4. 母猫导尿管放置操作

（1）患猫镇静后仰卧或俯卧保定，尾巴拉向背侧。

（2）选择合适的导尿管，并在其前端 3～5 cm 涂抹无菌润滑剂。

（3）将母猫外阴唇拉向腹侧牵拉，尽量将其外阴开口暴露于操作者。用抗菌溶液（如 0.1% 苯扎氯铵）清洗阴唇，用利多卡因喷洒尿道生殖前庭和阴道黏膜。

（4）宠物医生助理一手持导尿管，沿母猫阴道底壁前伸，另一手食指伸入阴道触摸尿道结节，引导导尿管插入尿道内。

（5）观察尿液从导尿管中流出，可确认导尿管已进入膀胱。

（6）连接导尿管与注射器，排空膀胱并收集尿液进行分析。

三、注意事项

1. 必须严格按无菌操作进行，以预防宠物尿路感染。

2. 应选择光滑和粗细适宜的导尿管，插管动作要轻柔。防止粗暴操作，以免损伤尿道及膀胱壁。

3. 插入导尿管时前端宜涂无菌润滑剂，以防损伤尿道黏膜。

4. 对膀胱高度膨胀且又极度虚弱的患犬猫，导尿不宜过快，导尿量不宜过多，以防腹压突然降低引起虚弱，或膀胱突然减压引起黏膜充血，发生血尿。